U0014945

外星人防禦計劃
地外文明探尋史話

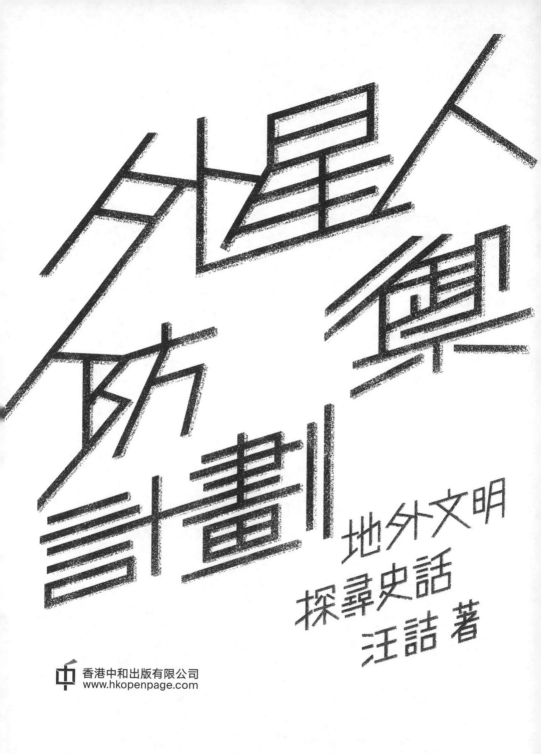

外星人防禦計劃

地外文明探尋史話

汪詰 著

香港中和出版有限公司
www.hkopenpage.com

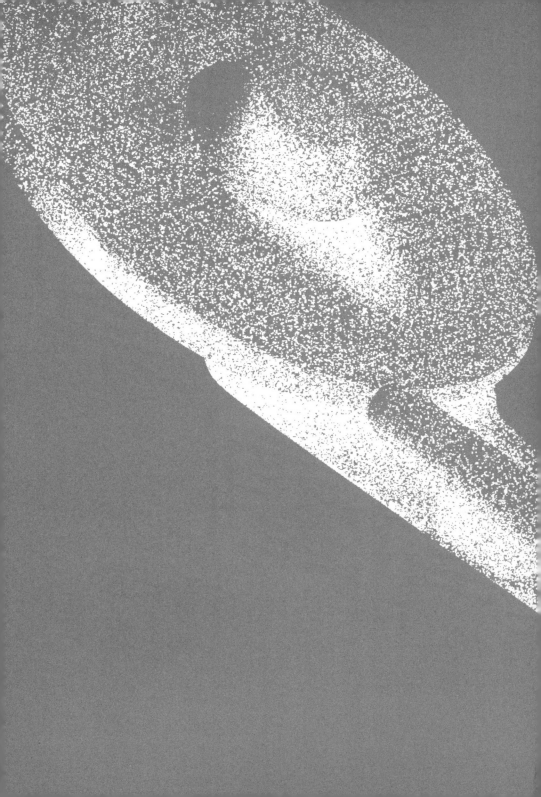

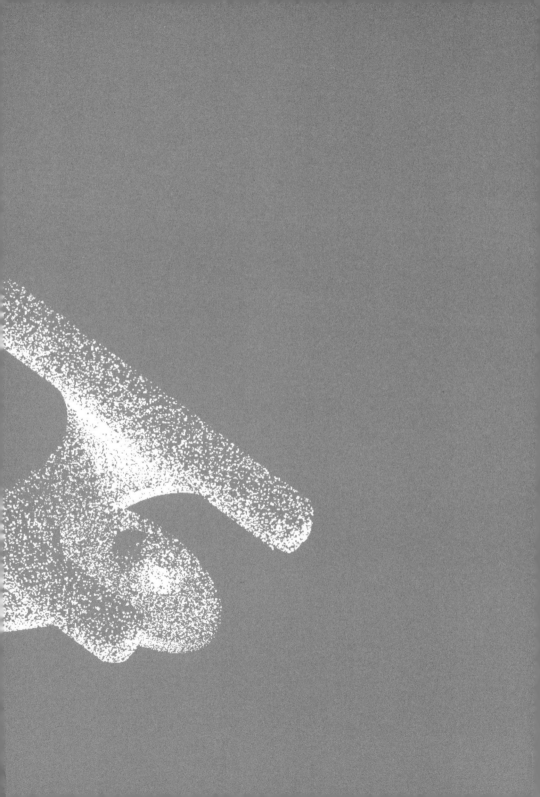

繁體版序

今年，是我全職從事科普寫作的第三年，在我對外的名片上，我給自己
起的頭銜是：職業科普人。在中國內地，像我這樣以科普寫作為生的
人還不是很多，算是一個很偏門的職業。兩年多過去了，我非常慶幸自
己選擇了這個職業。這是一個讓我覺得生活充實，有意義，而且高自尊
的職業，我想我的下半生都不會換職業了。

成為職業寫手後，我對市場上的科普書籍做了更加系統、全面的學習，
現在可以比較有把握地說，在「地外文明」這個相對冷門的題材中，本
書是非常突出的一本。香港中和出版有限公司能看中本書，並將它推
薦到港、澳、台地區，足見編輯們的眼光是獨到的。說句實話，在這

個題材領域，偽科學讀物遠遠多於真正的科普書籍。因為一談起外星人，大多數人首先想到的就是各種未經證實的神話、傳說、故事，而真正的科學史實卻鮮為人知。看完我這本書，相信讀者們會發現，比起那些離奇的傳說故事，科學史同樣精彩紛呈，引人入勝。科學家們在尋找外星人的事業上，除了需要大膽的想像力，更需要嚴謹的科學態度。現在，我們離找到地外生命只有一步之遙了，在這個領域，隨時都有可能發生轟動全世界的大新聞。在迎接這個「人類轉折點」的大新聞之前，你非常有必要了解一下精彩紛呈的地外文明搜尋史。

我的處女作《時間的形狀》繁體版在台灣上市後，我收穫了非常多台灣地區的讀者，甚至通過我的書結交了好些一見如故的朋友。我也特別希望《外星人防禦計劃》繁體版在香港以及台灣地區上市後，能結識更多趣味相投、一見如故的香港或者台灣朋友。

汪詰

2019 年 4 月 26 日於上海

再版序

本書的第一版在 2012 年出版，到現在已經六年了。書名起得有點兒偏，原本是想最大限度地激發讀者的好奇心。沒想到這個書名讓很多讀者產生了誤解，以為是一本宣揚神秘主義的偽科學作品，或者以為是一本虛構類作品。

本書是我繼《時間的形狀》之後創作的第二本科普書，在書中我嘗試了更多靈活的科普寫作手法，例如把辯論賽的辯詞融入到科普中。在《時間的形狀》中我創作了兩篇短篇科幻小說來解釋相對論的兩個原理，獲得了不錯的效果，很多讀者都對此印象深刻。在這本書中，我把這種手法做了更深入的運用，用一篇中篇科幻小說來作為全書的結尾，儘量把

本書講到的知識點都融入到這篇小說中，讓各位讀者在閱讀小說的同時，輕鬆地回顧知識點。但這樣做的效果如何，成功與否，還需要廣大讀者來評價。

六年過去了，我也從一名業餘的科普寫手成長為以科普寫作為職業的科普人，與許多科研工作者出身的優秀科普作家不同，我從未從事過科研工作，但科普創作畢竟不是科研。《萬物簡史》（*A Short History of Nearly Everything*）的作者比爾・布萊森（Bill Bryson）的職業是一名記者，卻成為了非常成功的科普作家，該書也得到人民群眾的喜愛和暢銷，得了很多科普獎項。比爾・布萊森對他科普寫作的價值有一段非常精闢的論述，就寫在該書的扉頁上：貝特有一次問自己的物理學家朋友傑拉德，你為甚麼要堅持寫日記呢？傑拉德說，我並不打算出版，我只是記錄下一些事實給上帝參考。貝特又問，難道上帝不知道這些事實嗎？傑拉德回答說，上帝當然知道，但他不知道我這樣描寫的事實。

是的，我也認為，科普的最大魅力在於表達，描寫同一個知識點，可以有千變萬化的表達方式。

《上帝擲骰子嗎？量子物理史話》作者曹天元先生就是非科學家出身的科普作者中的佼佼者，他的這本書取得了非常大的成功。曹先生 2017年在接受《上海書評》的採訪時談到，大多數人會認為對一本科普作品來說，科學性、準確性最重要。但曹先生認為這是一個誤區，他認為科普的首要目的是激發大眾對科學的興趣，也就是說，科普是科學的廣

告，它本質上是一種傳播學指導下的產品，而不是在具體哪門科學指導下的產品，所以真正的科學家來寫科普書，往往銷量不太突出。對於科普來說，想要在科學嚴謹性和傳播力度上兩手都要硬很難做到，他認為應當優先考慮傳播性，其次考慮科學準確性 —— 但不是說不要準確性。

對於曹先生的觀點，大部分我都很贊同。只是在科普的目標上我和他可能有一些不同，這也很正常，每一個科普人對於科普的理解也都是不同的。曹先生認為科普的首要目標是讓大眾愛上科學、了解科學，它是營銷科學的一種手段。

我做科普的首要目標是傳播科學精神，說得更詳細一點就是讓大眾了解面對社會現象和自然現象時，科學共同體的態度是甚麼，科學家群體又是怎麼思考的，我始終秉承的寫作綱領是：比科學故事更重要的是科學精神。

我覺得作為一個職業的科普人，應當有職業操守，我的職業操守是：

1. 所講述的科學知識和數據都要有可靠的來源，至少主觀上應該盡可能找到最為可靠的來源，盡可能的通過多個渠道證實，而不是隨便看到一些東西就拿來當做事實用。質疑精神是一個職業科普人首要具備的精神。我雖然無法保證自己講的東西都是正確的，這個恐怕誰也做不到，但是我可以保證自己在主觀上希望自己講的東西都是出自科學共同體的主流觀點，是目前所能查到的最佳結論。

2. 如果發現自己搞錯了某些知識點，那麼一定要盡可能地通過各種方式修正自己的錯誤，而不是抱着無所謂的態度。

3. 在一些尚未有結論的科學問題上，儘量不發表自己的猜想或者假設，儘量引述該領域的科學家的觀點。如果要發表一些自己的想法，那麼一定要特別說明這是我個人的一點淺見，不是科學家的觀點，以防誤導公眾。

4. 雖然我明知用神秘主義或者不可知論的手法來講述一些科學界還沒有公論的現象，會獲得最大的傳播效果，也最能激發公眾的興趣，但我堅決不用這種手法，因為神秘主義和不可知論的世界觀違背了我做科普的首要目標。

5. 在不違反上面這條原則的前提下，我會盡可能地用人民群眾喜聞樂見，最容易聽懂的方式來講解科學知識，這時候我所做的比喻與科學的嚴謹性就會有一定的矛盾，但是我會把通俗易懂優先考慮，不追求百分百的準確度。

6. 我會在科普和科幻之間劃出一條明確的界線，當我寫作虛構類的作品時，必須要申明這是虛構類作品，是一種科學幻想而不是科學事實。我反對某些打着科普旗號，其實是虛構類作品的做法。

7. 在對待偽科學上，必須旗幟鮮明，不含糊，不為了取悦大多數人而

放棄自己堅持的科普目標。甚麼是偽科學,就是聲稱自己是科學,但卻並不符合科學研究範式的學問。如果一個學問不聲稱自己是科學,或者不用語言故意誤導讀者以為是科學,那麼我會給予充分的尊重,也會認真聆聽。所謂井水不犯河水,我尊重人類思想的多樣性,也捍衛人類思想的多樣性。捍衛科學本身就是在捍衛思想的多樣性,不讓科學思想被攪亂。

此次再版,對原書的全面修訂主要包含以下幾個方面:

1. 修訂了許多不夠準確的數據和知識點。
2. 對一些章節進行較大幅度的改寫。
3. 新增了自本書第一版以來科學界發生的新鮮事。
4. 增寫了中部的第六節「對『黑暗森林』假說的思考」、下部第四節「外星人防禦計劃的最高綱領」。
5. 對第一版的語言文字進行了逐字逐句的修訂,使之更加簡潔、乾淨。

限於本人才疏學淺,儘管盡了最大努力,難免還是會有各種錯誤,也歡迎各位讀者對我的批評指正,有錯必改。我的自媒體名稱是:科學有故事。

汪詰

2018 年 3 月 1 日於上海莘莊

目錄

中部　　講理

下部　臆想

附：《亞洲教育論壇年會》發言稿

引 子

黃昏，美國新墨西哥州的荒原上。

巨大的電波天線陣靜靜躺在天空下，每一個乳白色的拋物面都像一隻巨大的眼睛，凝望着宇宙深處。

天文學家艾麗微閉着雙眼，頭上帶着高靈敏的監聽耳機，半倚在開篷跑

車的擋風玻璃上。她特別喜歡在深秋的涼風中躺到天亮。

四年來艾麗不知道已度過了多少個像這樣的晚上，她喜歡耳機中傳來的嘶嘶聲，那是 100 多億年前宇宙大爆炸的迴響。這種聲音她太熟悉了，靜謐、和諧，聽起來就像音樂一樣美妙。

艾麗覺得自己快要睡着了，她感到自己沉浸在宇宙深處，耳中的聲音就像是億萬星辰的竊竊私語。

突然，嘶嘶聲中似乎傳來一點不一樣的東西，彷彿是一種輕微的腳步聲，從宇宙的深處向她走來。

腳步聲越來越響。

艾麗猛然睜開眼睛，她發現這不是夢。

難道說，真的來了？

艾麗兩手緊緊捂住耳機，激動地聆聽。

沒錯，確實是「他們」來了。腳步聲越來越響，具節奏的脈衝信號一陣陣地擊打着艾麗的耳膜。

「哦，我的天，這是真的！」

艾麗迅速抓過手邊的無線電對講機，一邊啟動汽車一邊衝着對講機喊道：「赤經，18 點 36 分 52 秒；赤緯，+36 度，46 分 56 秒，請核實。重複一遍，赤經，18 點 36 分 52 秒；赤緯，+36 度，46 分 56 秒，請核實。」

監控室中，艾麗的同事們聽到對講機中的呼叫，立即從椅子上蹦了起來，他們喊道：「我們聽到了，正在調校天線！赤經，18 點 36 分 52 秒；赤緯，+36 度，46 分 56 秒。」

同事們飛快地在十幾台電腦前面忙碌起來，不斷地敲打鍵盤，開啟所有能開啟的設備。

對講機中，繼續傳來艾麗的聲音：「這很有可能是連串的脈衝，調校所有的望遠鏡，對準目標。查看參考支距，用 27 號天線檢查離軸輻射，讓維利把大功率的音響系統打開。」

「收到！」

艾麗開着車飛奔到監控室門口，她跳下車，一邊朝樓梯跑去，一邊對着對講機喊道：「將 L0 頻率保持現狀，千萬別讓它跑掉！如果信號消失就重新掃描頻寬，掃描你能想到的所有頻段。」

艾麗的同事們就像上緊了發條的鬧鐘，飛速地運轉着：「收到，系統正常。」

幾分鐘後，艾麗衝進監控室，直撲主控電腦，大聲喊着：「兄弟們，快告訴我，頻率找到沒？」

同事：「有極化的脈衝，振幅經過調節，我已經鎖定了。」

艾麗：「頻率是多少？」

同事：「40.26……23 千兆赫，氫波段乘 π。」

艾麗：「早就説過肯定是氫波段。信號來源鎖定了嗎？」

同事：「正在一個個排除，不是軍用頻率，也不是航天器，方向來自織女星，距離 26 光年。」

艾麗：「把脈衝信號能接到音響上嗎？」

同事：「正在接入。」

很快，音響中傳來了強勁有力的「腳步聲」，那是強烈的脈衝信號，非常有節奏和韻律，可以清晰的聽出「長」「短」音。

不一會兒，艾麗就聽出來了，每一個長脈衝過來，都包含若干個短脈衝，這明顯就是在報數。

「3、5、7、11……」艾麗一邊數，一邊大聲地說出來，「沒錯，這是素數，這就證明了絕不是自然現象。唯一合理的解釋就是：這是來自織女星系的外星文明信號。」

一個足以震驚全世界的事件發生了：人類首次截獲了來自外星文明的無線電信號。

親愛的讀者，你可能已經猜出來了，上面這段是科幻電影的情節。沒錯，這是 1997 年公映的荷里活電影《超時空接觸》(Contact，茱迪科士打主演)中一段緊張刺激的情節，根據美國天文學家卡爾·薩根同名小說改編，是所有科幻迷珍藏的經典。

科幻電影中的這些情節有可能發生嗎？

我的回答是肯定的，而且可能性非常大，極有可能在未來的五十年內發生。

我相信此時在你的腦中一定會冒出這樣一個問題：

到底有沒有外星人啊？

關於這個問題，根據我們現有的最佳證據，答案是：

有，但從未到訪過地球。

這並不是我一拍腦袋的答案，這個回答也是目前主流科學界的共識，不管你看過多少講 UFO、外星人的電視片，也不管你在電視上看到過多少貌似「科學家」的人物出來，煞有介事地跟你講地球上的不明飛行物有可能就是外星人甚麼甚麼的，都無法改變這個客觀事實，那就是目前主流科學界幾乎是一致地認為，外星人存在，但從未到訪過地球。

科學是重事實講道理的，得出這個結論有甚麼依據？科學家們憑甚麼達成這樣的共識？這就是本書試圖要給各位讀者講述的故事。

為了要把這個問題講清楚，我們先要給外星人下一個定義：在本書中所稱的外星人指的是地球以外的智慧文明。至於外星人長的是不是人形並不重要，但不管怎樣，外星人應該符合我們目前對生命基本形式的認識。比如，我們所知的任何生命都離不開液態水，並且都是基於化學元素碳（C）的有機分子組合成的複雜有機體。

我經常被問到一個問題：為甚麼科學家在談到尋找外星生命時，總是要先找水？給人的印象是水就是產生生命的必要條件。誰說外星生命就一定需要水呢？好像科學家的腦子都很僵化，都很死板，怎麼就不能打破一下常規的思維呢？科學家真的那麼僵化死板嗎？顯然不是的，

科學家們怎麼可能連普通人都想到的問題,他們都考慮不到呢?

這就是科學思維和普通思維最大的區別之一。真正的原因不是科學家一定要把水設定為生命之源,而是科學誕生幾百年以來,經過科學家的最大努力,也無法找到任何離開液態水後,可以保持活動狀態的生命的證據。科學思維的第一條就是質疑,當然包括對液態水是否是生命必要條件的質疑,歷史上有無數科學家都質疑過這一條。但如果僅是質疑,還不能叫做科學家,也不能稱之為科學思維。比質疑更重要的第二條就是需要探索和實證,經過了一百多年的努力探索,這種努力到現在也沒有停止過。但很遺憾的是,我們沒有發現任何可以脫離液態水而保持活動狀態的生命,既沒有找到直接的證據,也沒有找到間接的證據。

因此我們在尋找外星生命時,只能把液態水作為生命存在的必要條件。還有一個用同樣邏輯推導出來的必要條件,就是任何生命都需要能量來維持活動。要存在提供能量的物質也是必要條件之一。2017 年我們在新聞中看到,美國太空總署(NASA)在土衛二上的羽流中測量到了二氧化碳、氫氣和甲烷的含量處於一種不平衡的狀態。這就證明了在土衛二的冰層下面不但有液態的海洋,而且還存在能夠提供生命所需要的能量物質。所以,NASA 才宣佈土衛二上具備了孕育生命的一切條件。所以土衛二冰層下的海洋存在生命的可能性就很大。一定要聽仔細,剛才那句話說得是很嚴謹的,NASA 並沒有宣佈土衛二上存在外星人,或者存在外星人的可能性。原始生命和高等智慧文明的差別還是很大的。

我們如果來拆解一下 NASA 的這個宣稱，實際上隱含着很多邏輯推導的鏈條，也就是我們常說的證據鏈。首先，我們有直接證據表明，水加上能量物質會產生生命，哪怕是在大洋深處。這就是上世紀七十年代，我們在大洋深處的熱泉附近發現了大量生物。有了這個直接證據後，假如我們在其他星球也發現了類似的環境條件，那麼我們就可以宣稱，它很有可能也會產生生命。也就值得我們進一步花費巨資，繼續發射探測器，甚至把航天員給送過去，做徹底的調查研究。因為它存在可能性的證據，值得研究。所以科學研究其實是很務實的，一步一步地往前拱，每拱一步都會花費大量的人力、物力和時間。

現在如果我們不用這種科學思維來考慮問題，我們先假定任何液態環境都可以產生生命，或者我們膽子再大一點，不需要液態環境也能產生生命。比如說，第一次拍到土衛六的照片時，把科學家們都嚇了一大跳，因為這顆土星的衛星，從它的外貌來看長的和地球實在是太像了。後來我們發現土衛六上有液態的甲烷海洋，但這樣能不能就宣稱在土衛六上可能含有生命呢？不能，因為缺失了證據鏈上最重要的一環，就是液態甲烷能夠孕育生命。缺失了這個證據，最後的推論就是建立在憑空的臆測，而不是理性的思考之上。當然科學家也不會宣稱土衛六上肯定不存在生命，因為證明不存在幾乎是不可能的。但是我們探索外星生命的目的是為了證明存在，而不是為了證明不存在。

歷史上沒有哪個科學家說過，離開了水就一定不會有生命。其實科學家不關心這個問題，他們只關心確定的因果關係。科學活動都是有時

間和金錢成本的，因此選擇研究方向是非常嚴謹，非常嚴肅的事情。如果方向錯了，一個科學家就有可能一輩子碌碌無為。在我們人類現在的知識體系下，要在尋找外星生物這件事上出成果，最有可能的路徑當然是先找到與地球差不多的環境，然後在這個環境中繼續尋找生命存在的證據。

如果有人說，我就是不依循這個規律，我非要在月球的岩石中尋找生命。一來這個想法肯定得不到別人的支持，也就不可能擁有科研的經費；二來這也是對自己的青春生命不負責任的思維方式。有時候，在我與大家談論外星生物與地外文明的時候，我其實都隱含了一個假定的前提：就是我談論的是我們人類已知的生命形式，或者說已知的高等智慧文明形式。這個假定和前提是很重要的，但是每次都強調卻又未免顯得很囉嗦，所以我就常常會省略。並不代表我認為肯定不存在我們人類未知的生命形式。相反我也相信有未知的生命形式存在，但問題是既然它是未知的，那麼我們怎麼談論它呢？又何談去尋找呢？未知就意味着一切可能，而一切可能其實是對具體的科學活動沒有指導的。「一切皆有可能」不過是「啥也不知道」一種好聽的、等價的說法而已。一場理性的談話或者理性的探索活動，只能建立在已知的條件下，慢慢往前探索，對於未知的生命形式，只能排除在科研活動之外。

本書分為三個部分。上部將講述人類探索外星文明 160 多年的精彩歷史，在這過去的 160 多年中，我們經歷過無數激動人心的時刻。從歷史的角度來說，人類只是在尋找外星人的道路上跨出了一小步，未來之

路可能還有很長很長。但是已經跨出的這一小步卻是跌宕起伏，峰迴路轉，充滿着意想不到的驚喜和失望。中部則用嚴謹的邏輯來分析外星人存在的可能性，帶你深入了解著名的費米悖論 —— 這個困擾了無數科學家的世紀難題，直到今天，科學家們仍然爭論不休。在本書的下部，我將與所有的讀者分享我制定的「外星人入侵防禦計劃」，拋磚引玉，希望能激發讀者們的想像力。最後，你們還將讀到一篇精彩的中篇科幻小說，我試圖把本書講到的各種知識點都融入到最後的這篇小說當中。

閒話不多説，這就跟我回到人類探尋外星人的起點，讓我們扣緊安全帶，一場科學與歷史的懸疑過山車已經緩緩啟動了。

上部
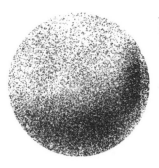
説
史

一　火星上的細線

公元 1877 年，這在任何一本歷史教科書中都不是一個特殊的年份。其時中國正值光緒三年，大清帝國處在風雨飄搖中，新疆的少數民族鬧起了獨立，慈禧太后發兵先後收復了吐魯番、阿克蘇城等地。而這一年的世界歷史也顯得非常平淡，找不出甚麼值得一提的大事件。

然而，這一年的 8 月份，對於尋找外星人來說卻有着特殊的意義。

在意大利的布雷拉天文台，42 歲的天文學家夏帕雷利正激動地準備着晚上的天文觀測，他為了這一天已經準備了兩年多。在這個天氣異常晴朗的夏夜，火星將和太陽、地球處於一條直線上，這就是所謂的火星

衝日，而這一天剛好又是火星與地球距離最近的日子，這兩個巧合就構成了火星大衝。這是平均每兩年一次觀測火星的最佳日子。夏帕雷利是一個火星迷，他執着地觀測火星已經 10 多年了。這個被稱為「戰神」的紅色星球讓他如此着迷，在過去的十多年中，他經常有一些令人激動的發現。夏帕雷利有一種強烈的預感，覺得今晚將會成為他一生中最值得紀念的日子之一。

望遠鏡技術在這幾年有了很大的發展。折射式望遠鏡的技術已經日臻完美，口徑也越來越大。夏帕雷利使用的這台 80 厘米口徑的折射式望遠鏡製作精良，機械性能非常良好，可以靈活、穩當地轉動角度來補償地球自轉，從而可以長時間地穩定對準火星進行觀測。這天晚上，火星大衝如約而至，夏帕雷利熟練地將望遠鏡對準了這顆迷人的紅色星球。

觀測條件實在是空前的好，火星也十分的明亮，在望遠鏡中呈現出一個清晰的暗紅色圓斑。在火星的北極是白色的極冠，非常顯眼。整個火星表面有着明顯的明暗變化，對這些明暗區域他已經細致地研究了很多年，並且繪製出較為詳盡的火星地圖。他堅信那些暗區是火星上的湖泊和海洋，而亮區則是大陸。

夏帕雷利給這些湖泊和大陸都起了生動的名字。他的目光緩緩地掃過太陽湖、塞壬海、亞馬遜平原……這些地方他已經相當熟悉了，他繼續尋找着未曾發現過的火星特徵。時間不知不覺過去了很久，夏帕雷利覺得眼睛有點累了，他起身揉了揉微微發紅的眼睛，又閉目休息了一

會兒，但沒過多久他又堅持爬上了天文台的觀測椅，像這樣的觀測條件是很多年才能難得遇上一回的，他不想浪費任何一分鐘。

火星的暗紅色圓斑又出現在了夏帕雷利的眼中，還是那些熟悉的明暗區域和極冠，不過……等等，夏帕雷利突然看到過去從未看到過的東西！那是甚麼？若隱若現的。他盡可能睜大了眼睛，仔細辨認。哦，沒錯，確實有一些細細的條紋連接着暗區和亮區，以前從未發現過。這些條紋是如此之細，顏色也是如此之暗，但在今晚如此有利的觀測條件中，終於讓夏帕雷利看到了。夏帕雷利的神經一下子就繃緊了，他抑制住激動興奮的心情，馬上開始了繪製工作，他生怕這些條紋會因為天氣的變化而消失掉。時間一點一點的過去，天空逐漸亮起，而火星則逐漸暗淡下去。夏帕雷利走下觀測椅，激動地看着手裡這張畫滿了線條的草圖。他在想：這些線條到底意味着甚麼呢？

夏帕雷利一直認為火星上的暗區是湖泊海洋，而亮區則是大陸，那麼連接湖泊海洋和大陸的細細條紋只有一個解釋，那就是「水道」（意大利語：canali）。當夏帕雷利把這個發現公佈出來以後，震驚了整個天文學界，因為夏帕雷利是當時天文學界的翹楚，他的任何發現都有着非常高的可信度。一時間，這個消息傳遍了全世界，不過在傳的過程中，「水道」被傳為了「運河」，一方面有語言翻譯的問題，另一方面，顯然「運河」比「水道」更具備傳播衝擊力。

沒過多久，全世界的天文迷們都在說：火星上發現了運河！

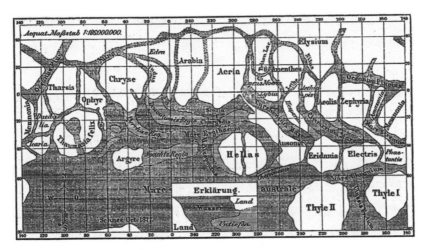

夏帕雷利繪製的火星圖

二　與乾旱鬥爭的「火星人」

夏帕雷利這個發現讓全世界的天文學家都對火星着了魔，地球上幾乎所有的天文台都將望遠鏡對準了這顆可能存在火星人的紅色星球。

在與意大利相鄰的法國，同樣有一位對火星癡迷了 10 多年的天文學家，他的名字叫弗拉馬利翁（後面我簡稱為弗翁，雖然當時年僅 35歲）。此時的弗翁已經是法國天文學會的首任會長了，他手裡正拿着自己親手創辦的《法國天文學會公報》，看着上面有關夏帕雷利發現火星

運河的報道，心裡像打翻了五味瓶，不是滋味。弗翁有點忿忿不平：夏帕雷利雖然比我年長了那麼幾歲，但是在對火星的熱愛程度和研究深度上都比我要差，沒想到這麼重大的發現居然讓他首先做出了，唉，既生瑜何生亮啊……NO，我絕不能就此服輸，必須重新奪回火星研究界的第一把交椅！

弗翁從此一頭扎進了對火星的研究中。作為一個天文學家的同時，弗翁還是一個高產作家，他擅長創作科幻小說，在他的科幻小說中充滿着各種各樣的奇思妙想，作品中最多的是描寫如何用科學的方法來與死人的靈魂溝通，甚至是地球人與外星人的靈魂融合，在宇宙中不同的地方轉世（參見他的小說 *Lumen*）。沒錯，這就是西方的通靈術，在當時的西方，這是一門正經的學科，弗翁也是這個學科中的領軍人物之一。在中國雖然也有這門學科，但基本上是屬於民間科學，研究者的公開身份多以算命先生和道士為主。

雖然，弗翁受到夏帕雷利的刺激很大，發奮圖強的決心也很大，但他畢竟不是一個急性子的人，他相當認真地投入到了對火星的觀測活動中。整整 15 年後，也就是到了 1892 年，此時的弗翁已經 50 歲了，他已經成為享譽世界、著作等身的知名科學家，他的第一本關於火星的專著 ——《火星》，終於正式出版。由他弟弟創辦的弗拉馬利翁出版社（也就是今天法國著名的弗拉馬利翁出版集團）出版該書。在這本書中，弗翁把他多年的觀測數據和自己獨有的科幻作家的思維相結合，繪聲繪色地描述了火星世界的種種奇觀。弗翁飽含深情地寫道：「火星上的

亮區是一望無際的沙漠，在沙漠的中間是一個一個的綠洲，這就是火星上的暗區。英勇不屈的火星人為了和乾旱做鬥爭，修建了龐大的運河系統，從火星的兩極引水灌溉他們的綠洲，這些運河就是在望遠鏡中若隱若現的細線。火星文明是一個比地球還要古老的文明，他們勤勞、善良，他們創造了輝煌的科技和文明，總有一天，我們會和火星人攜手共建美好的明天。」

鑑於弗翁在天文學界的地位，《火星》這本書產生了廣泛影響，它是火星研究史上具有里程碑意義的文獻。這本書的寫作風格介於學術專著和通俗讀物之間，因而銷量非常好，被翻譯成多種語言，遠銷海內外。弗翁在晚年還有些驚人言論，他 61 歲時在《紐約時報》撰文稱火星人曾經嘗試與地球人通訊，但是我們都錯過了。同一年他又給《納爾遜郵報》寫信，聲稱當年（1907 年）會有一個拖着 7 條彗尾的彗星襲擊地球。到了 1910 年哈雷彗星出現時，弗翁又在《紐約時報》發表更為驚人的言論，稱哈雷彗星的彗尾會掃過地球，彗尾中的氣體含有劇毒，如果不做好防範，人類和所有的生物都將滅絕。這在當時引起了不小的恐慌，但大多數科學家都出來駁斥這個觀點，一直到哈雷彗星的彗尾真的掃過地球時，所有人都安然無恙，弗翁的觀點才不攻自破。

對火星的研究就像一場全世界範圍內的接力賽，交接棒先是從意大利的夏帕雷利開始，然後由法國的弗拉馬利翁接過，再下去，將會是誰接手呢？歷史選擇了一個住在美國波士頓的富二代，他的名字叫洛威爾。

三　洛威爾的《火星》

《火星》這本書讓洛威爾着了迷，他對龐大的家族產業沒有絲毫興趣，而是全身心地投入對火星的觀測中。有錢人一出手就是不一樣，洛威爾花巨資在亞利桑那州的沙漠中建造專用的天文台，購買全世界最先進的天文望遠鏡，到他 40 歲時，這個天文台終於建成了。洛威爾毅然放棄城市的舒適生活，來到遠離城市燈光、乾燥荒涼的沙漠中，為了火星，一住就是 15 年。這種經歷絕對是電影小說的絕好素材，可以用來給當今的富二代們平反。他日復一日、年復一年地觀測火星，為火星拍了數不清的照片，仔細研究火星的表面在一年四季中的變化。不久，他出版了第一本專著，書名也叫《火星》，這本書用的是一種極為通俗的筆法寫成，引人入勝。在書中，洛威爾展示了一系列他繪製的火星詳

洛威爾

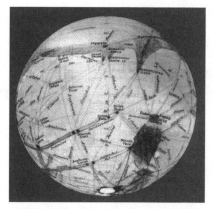

洛威爾繪製的火星圖

圖，在這些圖中，被他標示出來的火星「運河」有 500 條之多，不但有運河，在運河的交匯處還有巨大的綠洲，這些綠洲上「農作物」的顏色會隨着季節的變化而變化。

美國人的這本《火星》一出，風頭立即蓋過法國人的那本，一時間洛陽紙貴，引來粉絲無數，從民間到學界都把洛威爾奉為火星研究第一人。

但凡事沒有絕對，第一位炮轟洛威爾的人出現了。他是洛威爾的美國同胞，著名的天文學家巴納德先生。要說這個巴納德是何許人，那也是大有名氣。他因為發現了木星的第五顆衛星而被推崇為有史以來目光最敏銳的天文學家。要知道木星的這第五顆衛星因為個頭小，離木星又非常近，想要在望遠鏡中發現它確實需要超凡的毅力和視力。

巴納德在公開場合炮轟洛威爾，他說：「我也對火星進行了不知道多少次仔細觀察，但我怎麼就看不到洛威爾說的那些運河呢？而且洛威爾這傢伙畫的火星圖細緻成那樣，簡直就是對我視力的一種侮辱，我敢斷言，洛威爾所謂的那些細線不過是他的錯覺而已，哼哼，說錯覺還算好聽了，其實不過是他個人的幻覺而已。」

巴納德的言論一出，立即激怒了洛威爾。洛威爾也在公開場合譏諷巴納德，他說：「聽說有個叫巴納德的傢伙，因為自己看不到火星上的運河就說是我幻想出來的。這簡直可笑至極，巴納德這個窮鬼自以為在

他那如同兒童玩具般的望遠鏡裡面看到的就是真相了？簡直是笑話。我在亞利桑那州這個沙漠中的望遠鏡根本就不是巴納德買得起的，而且這個養尊處優的傢伙也吃不起我能吃的苦，他在城市中觀察天空就像在污濁的下水道裡面撿石子，光視力好有甚麼用啊，其實，我的視力也絕對不會比他差。」

洛威爾的回應讓整個天文界熱鬧非凡，火星上的細線成為了人們熱議的話題。巴納德的威望和成就比起洛威爾來說只有過之而無不及，他還畫了一張圖，用來說明所謂的那些火星運河的細線是怎麼產生的，結論就是根本沒有甚麼細線，全都是人的錯覺罷了。巴納德嘲笑洛威爾和以前所有聲稱看到火星運河的人，都是被自己的錯覺所欺騙了。

有一個好事的英國天文學家叫做蒙德，他根據巴納德所說的視錯覺產生的原理做了一個實驗，他在牆上畫了一些圓圈，然後在圓圈裡面點了一些不規則的小黑點，然後找來一些小學生，讓他們站在較遠的地方，在昏暗的燈光下觀察這些小圓圈，邊觀察邊讓他們把看到的東西畫下來，結果，這些小學生都在紙上畫下了圓圈中間有一條條的直線，和洛威爾畫的火星「運河」十分相似。

但是執着英勇的洛威爾沒有理會這些質疑聲，他在 1906 年和 1908 年分別又出版了《火星及其運河》和《作為生命棲居地的火星》兩本專著，與其說這是天文學專著不如說這兩本書更像是兩本科幻散文，在公眾中引起了極大的反響，畢竟，在我們鄰近的星球上住着與我們地球

人完全不同的火星人的這個想法實在是太富有戲劇性了，洛威爾的聲望達到了頂峰。

四　世界大戰

洛威爾的書深深地吸引了一個叫威爾斯的英國科幻作家。但他是個科幻作家，他對實際觀測火星沒有興趣，更不想去沙漠中吃苦，他只喜歡舒舒服服地呆在自己的家裡烤着壁爐看別人的專著。洛威爾的書給了威爾斯很大的靈感，他決心創作一部關於火星人的科幻小說。幾個月以後，一部名為《世界大戰》(*The War of the Worlds*)的科幻小說問世了，當然，中文譯名「世界大戰」沒有翻譯出威爾斯的原意。因為他用的是Worlds (複數)，準確地理解應當是「兩個世界的戰爭」，表示地球世界和火星世界的戰爭。

在這部小說中，威爾斯繪聲繪色地描述了火星人如何入侵地球，地球的軍隊如何不堪一擊，最後火星人又是如何被地球上的微生物擊敗的故事。這部小說一經問世，便風靡全世界，並且被一再地改編為廣播劇、電視、電影等其他文藝形式。最近一次我們都知道的改編是史提芬史匹堡導演的作品《強戰世界》，由湯告魯斯主演。我很喜歡這部影片，在我看來它和另外一部更早一點的描寫人類痛打外星人的電影《天煞 —— 地球反擊戰》構成了姊妹篇，分別從民間和官方的角度來詮釋

人類面對外星人入侵的故事。

威爾斯也因為這部作品成了家喻戶曉的火星「專家」，風頭遠遠蓋過那個在沙漠中吃了十多年苦頭的洛威爾，這件事情把洛威爾搞的胸悶不已。

在整個 20 世紀的上半葉，世人普遍相信火星人是存在的，但在當時的條件下既不能證偽，也不能證實。當時天文學家最強大的天文工具就是光學望遠鏡，哪怕是在世界上最大口徑的望遠鏡中，火星也僅僅是個暗紅色的光斑而已，甚至連到底有沒有那些神秘的細線都無法確證。

人類在尋找外星人道路上的下一個突破來自望遠鏡技術的革命，當時間走到了 20 世紀 30 年代的時候，一種新型的望遠鏡被發明出來，它給整個天文學帶來了一場革命，也讓尋找外星人的事業站上了一個新的高度。

五　望遠鏡的革命

光學望遠鏡的原理就是盡可能地把可見光通過各種透鏡匯聚在一起成像，這樣就可以讓人類看到肉眼無法直接覺察的可見光。因此決定光學望遠鏡能看得多遠，基本上取決於口徑，口徑越大則能收集到更多的光線，更多的光線匯聚起來，就能把更遠的物體成像。隨着人類對光的本質認識的飛躍，人們終於發現了光其實是一種電磁波，而可見光只是

處在一個特殊頻段的電磁波而已，這個頻段的電磁波可以被人類的肉眼所察覺。那麼可見光頻段之外的電磁波其實也是一種光，只不過是一種不可見光，也同樣能夠成像，只需要通過特殊的技術手段做些處理就行了。我們在醫院裡面看到的各種 X 光片，就可以清晰地把皮膚下面的骨骼顯示出來，X 光就是一種不可見光，是一種電磁波。

宇宙中的天體除了發出可見光以外，也發出大量的不可見光，即各種頻率的電磁波。通過探測電磁波，我們不但能夠成像，還能發現很多意想不到的東西。一種叫電波望遠鏡的新型望遠鏡終於在 20 世紀 30 年代被發明出來，它將給整個天文學研究帶來革命的狂風暴雨。

與其說電波望遠鏡是一個望遠鏡，倒不如說它是一個超級收音機更為恰當。因為它並不是用眼睛去看，而是通過一個巨大的天線來收集各種頻率的電磁波，再轉換成圖像和聲音這兩種可供直觀感受的形式。

電磁波還有個更通俗的叫法，那就是無線電。上個世紀 30 年代，無線電早已滲透到人們的日常生活中，從電報到電台，無不是無線電技術的實際應用。於是人們就很自然地想到，既然人類能發明廣播，火星人也有可能發明，說不定我們能收聽到火星人的廣播。

想像一下，你拿着收音機，在璀璨的星空下，細細地轉動着頻率轉換旋鈕，突然，一陣怪異的聲音傳入你的耳朵，你從來沒在地球上聽到過這種聲音，你一定會興奮地大叫起來：「噢我的天，我收到了來自火星的

廣播」。這幅景象雖然很誘人，可惜，這事永遠不會發生。火星離地球的平均距離大約是 2.2 億公里，這是多遠的一個距離呢，如果坐上當時跑得最快的火車（80 公里／小時）晝夜不停地奔向火星，這趟旅程需要約 314 年。如果火星人的無線電波能到達地球的話，那也一定衰減的非常非常微弱，哪怕是世界上最靈敏的收音機，想要收到火星人的廣播，也好比是拿着放大鏡去找水分子一樣，絕無可能。但如果用一個有着巨大無比天線的電波望遠鏡，那就有可能捕捉到極其微弱的火星電波，讓我們來看看電波望遠鏡的天線有多大：

電波望遠鏡

看起來是不是就跟大號的衛星電視接收器一樣？沒錯，原理都差不多。當我們把這台電波望遠鏡對準火星，它的靈敏度足以收到來自火星的無線電信號。不但能接受，也能給火星發電報。如果火星上真的有比地球還古老的文明，那麼他們也應該具備收發電報的能力。這是一個能和火星人取得聯繫的靠譜方案。

電波望遠鏡被發明沒多久，第二次世界大戰就爆發了。雖然全球都在打仗，但是技術進步的腳步卻沒有停滯，人類尋找外星人，尤其是火星人的熱情並未因戰爭而消退。越來越多的電波望遠鏡天文台被建成，天文學家們年復一年日復一日地尋找着火星電波的蛛絲馬跡。然而非常遺憾的是，儘管電波望遠鏡的技術已足夠分辨火星上一個普通廣播電台發出的電波，如果有的話，但是 10 多年過去了，人們始終沒有收到任何一絲來自火星的電波。

火星文明受到了廣泛的質疑，大家不再相信火星上具有超過地球文明程度的火星人。人類的目光逐漸從火星開始投向更遙遠的宇宙。宇宙那麼大，除了火星人，一定還會有其他的外星文明存在。但宇宙實在是太大了，而人類的探測能力實在太弱小，當時的人們甚至連太陽系以外是否還有行星的存在都無法證明。二戰結束後，整個世界都在廢墟上重建家園，人們對外星人的熱情開始消退，畢竟吃飽穿暖更重要。直到 1947 年，發生了兩件驚人的事件，再一次地把全人類對外星人的熱情激發了出來。

六　飛碟和羅茲威爾

1947 年 6 月 24 日，一個叫阿諾德的美國商人駕着自己的私人飛機，當他飛過華盛頓州雷尼爾山的上空時，他突然發現身邊嗖嗖嗖的飛過 9 個碟狀飛行物，瞬間不見。阿諾德當時興奮得不行，他對着無線電脫口而出：「I see flying saucer.」（我看見了飛碟。）

塔台上的工作人員一時莫名其妙，就問他你剛才説啥。阿諾德興奮地跟塔台工作人員描述他看到的東西，他説那些飛碟至少有 1600 多公里時速，簡直快得發瘋。當時世界上飛得最快的飛機大概也只能飛 800 公里時速。從這次事件以後，「飛碟」這個詞就不脛而走，在全世界廣為流傳，而且從此大多數人看到的不明飛行物都跟阿諾德看到的描述差不多，像個盤子一樣。

在阿諾德聲稱看到飛碟之後才過了 10 天，1947 年 7 月 4 日，美國有一個叫羅茲威爾的小鎮，附近一個農場發生了一件震驚全世界的大事，史稱「羅茲威爾事件」。這個事情讓這個默默無聞的小鎮成為全世界飛碟迷的聖地，以羅茲威爾事件為故事背景的科幻小説、影視更是長盛不衰，最出名的就是那部講述地球人痛打外星人的美國大片《天煞 —— 地球反擊戰》。事情的經過大致是這樣的，7 月 4 日那天晚上，一場罕見的大雷雨朝羅茲威爾地區襲來，在電閃雷鳴中，農民布萊索聽見一聲巨響，這聲巨響蓋過了所有雷聲，當時把布萊索嚇壞了。第二天早上，

風雨過後，他小心翼翼地出門查看，一幕驚人的景象展現在他面前：農場上佈滿了金屬碎片，有一架飛行器墜毀在這裡。

後面發生的故事就跟美國大片差不多，消息傳出去以後，一時間熱鬧非凡，第一時間就吸引了大批附近的居民前來看熱鬧。很快，美國軍方出現了，他們開着直升機、裝甲車，一大批荷槍實彈的軍人把看熱鬧的人群都趕走了，並且封鎖了整個地區，從此真相就被蒙上了一層神秘的面紗。大批新聞記者也趕到羅茲威爾，他們追着採訪那些趕在軍方到達之前就看過現場的人們。由於來的記者越來越多，很快記者的人數就超過了目擊證人的人數，凡是目擊過現場的人都成了香餑餑，尤其是那個農民布萊索，被一大群記者圍着採訪，羅茲威爾的農民們過足了當明星的癮。最要命的是，哪個人爆的料猛，那個人就越受記者歡迎，在這種效應下，猛料就越來越多。其中最猛的爆料就是有個人聲稱看到了掉在地上的外星人屍體，這些外星人身材只有 1 米左右，大頭、大眼、小嘴巴，全身穿着一種緊身衣。就在全美的新聞媒體都快達到狂熱的時候，軍方出來闢謠，説根本沒有甚麼飛碟，只是一顆探空氣球墜毀了，大家不要大驚小怪的。但這時候，美國人早就不再相信美國軍方的説法了，羅茲威爾事件繼續被不斷演繹，這股熱潮十幾年不衰。

阿諾德遇見 9 個飛碟的事件成了 UFO 登上歷史舞台的開端性事件，從此之後，海量的 UFO 目擊報告湧現出來，似乎在一夜之間，地球上就已經充滿了外星人，他們駕着飛碟在世界各地上空呼嘯而過。而羅茲威爾事件則讓外星人的研究熱潮席捲全世界，此後很多年，尋找外星人

存在的證據成了從民間團體到正經的學術機構的熱門課題。

整個 20 世紀 50 年代，是外星人研究和討論的黃金十年，一大批全世界知名的科學家都捲入到這股熱潮中，用各自的方法熱議這個話題。那年頭，如果誰能首先找到外星人存在的證據，那麼他將獲得的聲譽可能是 10 個諾貝爾獎都無法比擬的。因此，天文學家們首當其衝，開始了暗中的競賽，八仙過海各顯神通，各自有各自的絕招，就等着一鳴驚人。

此時，人們對火星人已經逐漸失去了熱情，更多天文學家把目光投向太陽系以外的宇宙空間。天文學家們心裡都清楚，要找到外星人，首先得找到一顆可以供外星人生存的行星，太陽系內除了火星，其他行星的環境顯然不適合智慧生命的發展，要麼根本沒有大氣（比如水星），要麼溫度太高（金星的表面溫度能達到 500 多度），要麼就只是個巨大的氣態星球（像木星、土星、海王星、天王星），要麼就冷得可以把任何氣體都凍成雪花（冥王星）。所以如果要尋找外星人，首先要找到太陽系以外的行星。但這事想想容易，其實非常非常困難。

七　尋找系外行星

從 20 世紀 50 年代開始，尋找太陽系以外的行星就成了最令人着迷的一項觀測活動，因為這個活動的意義不言而喻。既然太陽系有那麼多

的行星，那麼在別的恆星系也應當有很多行星才對。行星是外星生命存在的必要條件，問題是證據在哪裡呢？沒有證據，哪怕邏輯上再正確，也沒法拿到台面上來說事。於是整個學界乃至所有科普迷、天文迷，都迫切地希望天文學家們能早日拿出系外行星存在的證據，誰要是第一個搞定，那他一定會引起轟動效應。

但是，以當時的天文望遠鏡技術，想要直接「看」到系外行星是幾乎不可能完成的任務。你可能感到有點疑惑，真的有那麼難嗎？在一些科幻電影裡面似乎很容易，滿宇宙都是各種形狀的天體，就算我們現在不能像《星空奇遇記》中一樣開着宇宙飛船滿宇宙地觀光，我們拿着望遠鏡在天上還看不到嗎？是的，完全看不到，讓我先來給你看張圖片：

光學望遠鏡中的天狼星

天狼星是夜空中最亮的幾顆恆星之一，很好認。我們在地面上用大口徑的光學望遠鏡對準它，拍攝出來的照片就像上圖展示的那樣。不過你千萬不要認為天狼星真實的形狀就是像圖上那樣的一個大刺蝟。這是由於地球大氣扭曲了光線，就好像你從水下看地面上的景物一樣，並且在天文攝影的時候需要長時間的曝光，地球又是在自轉，因此拍出來的照片就成了這個樣子。真實的情況是，你在那個刺蝟狀的光團上用針刺一下，刺出來的那個小洞差不多就是恆星的實際大小。而圖片上箭頭所指的那個小亮點看上去像一顆行星，人們還發現它大概 40 年繞天狼星轉一圈。其實，如果做一些簡單的計算就會發現，箭頭所指的那個天體至少像太陽一樣明亮，它距離天狼星有好幾光年之遙，這說明它也是一顆恆星，並且是天狼星的一顆「伴星」，它們互相圍繞着旋轉。

如果在天狼星的邊上有一顆不發光的行星，那麼它在望遠鏡中的亮度必然還要再暗淡一萬倍。但真正麻煩的並不是行星太暗，而是它與恆星的亮度對比，它會完全隱沒在天狼星散發出的那個刺蝟狀的光團中。所以想要找到系外行星，靠直接觀測是不太靠譜的，必須得想到一些「奇門招數」，從而間接觀測到系外行星。

天文學家想到了一個非常巧妙的方法，他們把這個方法稱為「天體測量法」。要理解這個方法的原理，我必須先要給大家普及一點基本的物理知識。

當一顆行星繞着恆星公轉，粗略地看，是恆星不動，行星繞着轉。實際

上根據牛頓力學我們可以推算出，恆星和行星其實是圍繞着他們的共同質心（質量中心）旋轉。但往往行星的質量相較恆星來說非常小，比如我們地球的質量只有太陽的 33 萬分之一，所以地日的質心位於太陽內部，因此，儘管擺動幅度非常小，但從理論上來說，恆星是在「抖動」的。換句話說，如果我們觀測到宇宙中的某顆恆星是在有規律地抖動，那麼，除了有一顆行星在圍繞着它旋轉，找不出第二個合理的解釋。

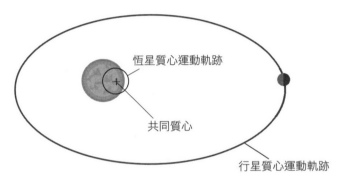

行星和恆星圍繞共同質心旋轉

但這絕對是一件知易行難的事，說說是容易的，真想要觀察到恆星的抖動，那可真叫一個難。要知道，我們的地球不但在自轉，還在公轉，也就是說我們放在地面上的望遠鏡相對於恆星來說，本身就是在不停地運動。在這種情況下我們要觀測到恆星的抖動有多難，我打個比方你就知道了。兒童樂園裡面那種叫「咖啡杯」的遊樂項目玩過嗎？你坐在一個大「咖啡杯」裡面，而這個咖啡杯又是放在一個大圓盤上，遊戲啟動後，整個大圓盤就會轉動起來，不但大圓盤轉動起來，咖啡杯本身也

開始自轉起來，這個情況就跟我們地球的狀況是一樣的。此時，你的任務是坐在咖啡杯裡面，觀察遠在幾公里外的一盞小小的燈泡，所發出的微弱燈光，並且要能夠觀測出這個小燈泡在 1 毫米內的輕微抖動。你覺得如果有人向你宣佈他成功了，恐怕你並不會輕易相信。

但是，總會有人第一個吃螃蟹的。到了 50 年代晚期，第一個聲稱找到系外行星的人出現了，他是來自位於美國費城附近斯沃斯莫爾小鎮上的斯沃斯莫爾學院的彼得·范。彼得聲稱發現了一顆繞着巴納德星公轉的行星，他說他看到了這顆恆星有規律的抖動，證明這顆恆星邊上有一顆行星。但基於我前面闡述過的理由，相信彼得的人並不多，不過也沒法證明他是錯誤的。

雖然難度很高，但不管怎麼說，天體測量法是個了不起的主意，它第一次打開了天文學家們的思路，找到了間接觀測行星的方法。並且天體測量法奠定了以後尋找系外行星的各種方法的基礎，這時候離人類真正發現第一顆系外行星還有 30 多年的時間，這個話題我們要稍稍放一放，因為在這 30 多年中還有很多激動人心的事情值得一說。

要找到太陽系以外的智慧文明，首先要找到太陽系以外行星存在的證據。這看起來像是一個非常正確的邏輯，但是，真的必須這樣嗎？這是人類的一種思維定式，想要打破很難。但並不意味着不能打破，有一位叫戴森的科學家率先打破了這種思維定式，他把人類尋找外星人的視線帶向了一個全新的角度。

八　戴森球

美國著名物理學家、數學家弗里曼・戴森在 1959 年提出了一種嶄新的尋找外星人的理論，他說如果人類能觀察到某一顆恆星的亮度，在人類活動的時間尺度內逐漸變暗（所謂的人類活動時間尺度是相對於天文學時間尺度而言，比如幾年甚至上百年可以算是人類活動時間尺度，而天文學尺度動不動就是幾百萬、上億年的），或者這顆恆星發射出大量某種特徵的紅外輻射的話，那麼這個現象就可以確認為那個恆星系有智慧文明存在的證據。我們來看看戴森是如何推導出這個結論的。

隨着人類文明的發展，對能源的需求會越來越大，而地球上的化學能（石油、天然氣、煤礦等）很快就會消耗完畢，並且不可再生。核能雖然儲量豐富而且能量巨大，但使用核能卻有各種各樣的危險，並不是理想的清潔能源。最理想的清潔能源是太陽能，但在地球表面可以接收和利用的太陽能非常有限，並且也不能無限制的收集，那樣會影響整個地球的生態環境。要利用太陽能的最佳辦法是到太空中去，因為到達地球大氣層的能量不過是太陽放出能量的二十億分之一而已，巨大的能量都浪費在虛空的宇宙空間中了。

如何在太空中收集利用太陽能呢？顯然，一個可以預測的方法就是發射環繞太陽運行的「太陽能採集器」，然後再利用微波或者其他辦法傳送到地球。你可以想像一下，在未來地球的能源逐漸耗盡時，人類開始

不停地朝太空中發射這種太陽能採集器環日運行，文明發展程度越高，對能源的需求就越大，於是環日採集器就越發射越多，慢慢地這些環日採集器就像雲一樣覆蓋在太陽的「上空」，這被稱為「戴森雲」。隨着環日採集器的繼續增加，終有一天整個太陽都會被這種採集器包裹起來，遠遠看去，太陽就好像被包裹在一個巨大的球殼中，這個巨大的「球殼」被稱為「戴森球」。戴森認為這是一個恆星系文明發展的必然結果，一個文明只要存續，就必然會發展到採集整個恆星能量的程度，我們通過在銀河系中搜索這種「戴森球」帶來的效應就能找到已經發展到這類文明高度的外星文明。

戴森球假想圖

戴森認為這種環日採集器除了會使恆星的亮度發生減弱，還有一個更容易被人類現有技術檢測到的情況，那就是環日採集器會被太陽加熱，從而放出大量的紅外輻射。這是一種不可見光，但是很容易被紅外線檢測設備捕捉到。一顆恆星放出的紅外輻射在正常狀況下，和在被大量環日採集器包圍的情況會大有不同，這種紅外輻射效應會比檢測恆星的亮度要容易得多。戴森在 1959 年發表的那篇論文的題目就叫做《人工恆星紅外輻射源的搜尋》，在這篇論文中，他正式提出了通過搜尋宇宙中的紅外輻射源的方法來搜尋外星文明。

戴森的這篇論文一經發表，立即引起了全世界同行的興趣，這個想法初看起來，貌似帶有很強的科幻色彩，但經過細細的分析和論證後，大家又認為這個想法在邏輯上非常嚴密，雖然以人類目前掌握的技術水平想要製造戴森球是異想天開，但並沒有哪條物理規律禁止戴森球的出現，只是時間問題而已。於是幾番熱烈的討論和爭論後，全世界各地有很多天文學家和實驗室開始把戴森的這個想法付諸於行動，像美國著名的費米實驗室就是其中之一。在本書後面會提到，在美國「地外文明搜尋計劃（簡稱 SETI）」中，就有一項搜尋計劃是採用戴森球的假設，對宇宙中類日恆星的「重紅外」光譜進行搜索，試圖用這個方法找到外星文明。戴森的這個主意非常絕妙，很多天文學家都對此抱以非常大的期望。但問題是，地面上的望遠鏡受干擾太嚴重，而且工作效率也低，人類對銀河系中的紅外輻射源的搜索進展的非常緩慢。戴森還要再耐心地等待 20 多年，才能迎來第一件超級「武器」，本書的各位讀者也需要一點耐心來揭開戴森球的真相。

就在戴森球的想法提出後的第二年，有一位 30 歲的年輕天文學家橫空出世，在尋找外星人這個領域從此無人能與其匹敵，獨領風騷數十年，他將成為本書的一號男主角，他的名字叫法蘭克‧德雷克。從 1961 年開始，德雷克便有一系列驚人的藝業施展出來，令人眼花繚亂，目不暇接。

九　德雷克和奧茲瑪計劃

美國人法蘭克‧德雷克一定是整個 20 世紀對尋找外星人最癡迷的一個。據德雷克自己說，他 8 歲時就已經堅信外星人的存在，但他父母都是基督徒，而外星人存在的想法嚴重違背了聖經的教義，所以他不敢對父母表達這個想法。德雷克在康奈爾大學讀書期間，聽了一場由當時的國際天文學聯合會主席、俄裔美國人奧托‧斯特魯維（Otto Struve）的主題演講，在這之後，這個 21 歲的小夥子就下了一輩子的決心 —— 為尋找外星人奮鬥終身（他確實也為曾經吹過的牛皮奮鬥了終身）。德雷克先是去哈佛大學深造，學習無線電天文學，然後去了美國國家無線電天文台從事研究工作，後來又加入了噴氣推進實驗室，可謂是十足的學院派。

德雷克成名立萬的時候年僅 30 歲。 1960 年，德雷克使用美國國家無線電天文台的電波望遠鏡，開始了他的第一個地外文明搜尋計劃。他用童話故事《綠野仙蹤》中的奧茲瑪女王命名，給這個計劃取名為「奧茲

瑪計劃」。這是人類歷史上第一個由嚴肅科學家代表官方實行的外星人搜尋計劃，具有開創性意義。但這僅僅是德雷克仗劍行走江湖的第一次出手，在以後的風雨歲月中，他還有眾多成名之戰。

德雷克當時唯一的武器僅僅是一台口徑 26 米的電波望遠鏡，他要用這台望遠鏡監聽來自太陽系以外的外星文明電波。但是這麼一個小不點是無法做到對全天空進行掃描監聽的，他能做的必須是把望遠鏡對準某一顆恆星，而且這顆恆星還不能離地球太遠，否則信號太弱，望遠鏡的靈敏度不夠。

除了望遠鏡的靈敏度問題，在用電波望遠鏡搜尋外星人信號時，還有個重大的選擇要做，那就是到底監聽哪個頻率。我們在用收音機找電台的時候，會 89.1、89.2……一個個頻率找過去，直至找到自己喜歡的電台。不同的電台使用的是不同的頻率，如果頻率沒有校準，那麼收音機中只會傳來噪音。在電磁波發現者赫茲生活的那個時代，人類已經知道頻率越高則能量衰減得越慢，也就意味着能傳遞得越遠。如果外星人也懂得發射電磁波的話，他們一定會選擇比較高的頻率，當然，如果頻率太高也會導致信號太弱，所以頻率在 1000 兆赫到 10000 兆赫之間是比較合適的。德雷克估計外星人必然會選擇這個範圍內的電磁波頻率來向宇宙傳遞信息。但問題並沒有解決，要知道從 1000 兆赫到 10000 兆赫茲之間並不是只有 9000 種不同的頻率，理論上是有無限多個頻率，關鍵看精度，哪怕是以 0.001 兆赫為一個最小頻率單位，這個範圍內也有 900 萬種不同的頻率，相對於宇宙空間這個大尺度來說，

0.001 兆赫的這個精度其實並不高。

到底選擇哪個頻率監聽外星人信號呢？這個問題曾經讓德雷克大傷腦筋，只要頻率稍稍有一點偏差，那麼即便方向和時間都對了，也會錯過。但是，在德雷克之前的科學家已經發現，這個宇宙中有一個頻率是非常特殊的，那就是波長為 21 厘米的 1420.405 兆赫，這就是被稱為「21 厘米線」的宇宙基準頻率。為甚麼這個頻率那麼特殊呢？因為它是氫原子發射出來的電磁波頻率（每種原子都會發射出不同頻率的電磁波），氫是我們這個宇宙中數量最多的元素，多到每 100 個原子中就有 90 多個是氫原子。因此，在宇宙中，21 厘米波無處不在，如果外星人掌握了電磁波的知識，也一定會認為這是一個特殊的頻率。

於是德雷克選擇了 1420.405 兆赫這個頻率，把望遠鏡對準距離地球 11.9 光年的鯨魚座 τ 星（tau），監聽了將近 100 個小時，但是一無所獲。德雷克沒有氣餒，他把望遠鏡又對準了距離地球 10.7 光年的波江座 ε 星（epsilon），剛對準沒多久，就監聽到一個每秒 8 個脈衝的強無線電信號，德雷克激動得心都要跳出來了，可是僅僅持續了幾十秒鐘，這個信號就神秘地消失了。德雷克懷着激動的心情繼續監聽着，等待着這個神秘信號再次出現。皇天不負有心人，10 天後，這個信號突然又出現了，這次德雷克抓住機會，對這個信號的各種參數做了詳細的記錄，但是很快這個信號又神秘地消失了。德雷克興奮得都要瘋掉了，但科學家畢竟是科學家，他還是很嚴謹的，於是開始核實這個信號的來源，最後很遺憾地證實這兩次信號都來自於天上飛過的飛機。

「奧茲瑪計劃」最終以失敗而告終，這次失敗讓德雷克痛感一件強大武器的重要性。於是他開始推動有關單位，希望能盡快建造一台超級電波天文望遠鏡，而且要造就要造一台全世界最大的神器。在德雷克的大力推動下，美國啟動了阿雷西博望遠鏡建造計劃，這將是一個空前浩大的工程，讓我們耐心等待 3 年，我們很快就要與其見面了。

「奧茲瑪計劃」僅僅是個開端，在苦練武功 12 年後，德雷克還將重新啟動「奧茲瑪計劃」，好戲還在後頭，我們暫且不表。

用宇宙中無處不在的 21 厘米氫波段來作為宇宙通訊的基準頻率，這在邏輯上非常通，但凡事有利有弊，也恰恰是這個「無處不在」導致很容易被干擾。一束帶着智慧文明信號的 21 厘米電磁波如果強度不夠，就很容易淹沒在宇宙背景噪音中，想要分離出來相當困難。因此就有科學家建議不應該直接監聽 21 厘米波段，因為外星人也懂容易被干擾這個道理，而應該採用 21 厘米波段的某個倍數。科學家麥可維斯基首先建議這個頻率最好是氫波段乘 π，或者乘 2π、3π 等。因為這個數字很特殊，在數學上這是個「超越數」，這樣的頻率在自然中不可能以諧波的形式產生，只可能是由智慧文明所產生，並且乘 π 以後的頻率就不可能被 21 厘米波段或者任何它的諧波所干擾。這個觀點被大多數天文學家認同，因此氫波段乘 π 在以後的「SETI 計劃」中就成為了最主要的搜索頻率，在本書一開頭介紹的那部電影中的織女星人，正是採用這個頻率向地球發射無線電波。不過，為了保險起見，天文學家也建議不要錯過所有氫波段的整數倍頻率，這也很有可能是外星人採用的頻率。

「奧茲瑪計劃」失敗後，德雷克並沒有太多的沮喪，因為他心裡很清楚自己的實力，這次失敗僅僅是因為武器實在太爛而已。他在醞釀一次全世界的武林大會，把全世界分散的力量集結起來，形成合力。

十　德雷克的外星人公式

「奧茲瑪計劃」失敗後的第二年，也就是 1961 年，全世界鍾情於尋找外星人的科學家們在德雷克的號召下，齊聚於美國的西維吉尼亞，人類歷史上首個地外文明搜尋大會召開，德雷克此時已經初具武林盟主相。在那次會議上，他正式提出了一個概念 ——「搜尋地外文明計劃」（Search for Extra-Terrestrial Intelligence，簡稱 SETI）。現在學術界一般都公認德雷克為「SETI 計劃」的開創人。

在這次大會上，德雷克做了主題發言，他拋出著名的「德雷克公式」。這個公式的目的是用來計算「可能與我們通訊的銀河系內外星球智慧文明的數量」。

這個公式很出名，你隨便找一本講尋找外星人的、稍微靠譜一點的科普書籍，我保證都會提到德雷克公式，雖然我認為這個德雷克公式實際意義並不大，但作為一本聊聊外星人的飯後閒書，也是必須要介紹一下滴。

那就先讓我們來看看這個大名鼎鼎的德雷克公式長啥樣：

$N = R \times Fp \times Ne \times Fl \times Fi \times Fc \times L$

N 代表銀河系內可能與我們通訊的文明數量；

R 代表銀河內恆星形成的速率；

Fp 代表恆星有行星的可能性；

Ne 代表位於合適生態範圍內的行星的平均數；

Fl 代表以上行星發展出生命的可能性；

Fi 代表演化出智慧生物的可能性；

Fc 代表該智慧生命能夠進行通訊的可能性；

L 代表該智慧文明的預期壽命；

德雷克和德雷克公式

可以説，德雷克的這個公式從邏輯上來説是相當嚴謹的。他只用了 7
個變量，就一環扣一環地推演出最終的結果。如果每個變量能確定，我
們確實可以計算外星人的數量，但問題恰恰是這些變量的數值哪這麼
容易估算呢？

在德雷克提出公式的年代，人類的天文學觀測水平和觀測成果都還相
當有限，那個年代離我們發現第一顆太陽系外行星還差 30 多年呢。所
以在德雷克所處的年代，這 7 個變量中恐怕只有一個 R 值（銀河系內恆
星形成的速率）馬馬虎虎能估計個大概出來，其他 6 個變量就只能完全
靠拍腦袋來決定了。

德雷克拍了下腦袋，算出一個 10 萬的數字來。他堅信在地球文明毀滅
之前，會有 10 萬個外星文明與我們聯絡。

另外一位美國著名的天文學家卡爾·薩根也拍了下腦袋，他算出來的
數字居然有 100 萬之大。

隨着天文學的發展，越來越多的觀測數據出現後，不同的年代有不同的
天文學家根據德雷克公式拍出不同的結果。最近這幾年，由於太陽系
外類地行星發現的成果頗豐，所以 N 值被不停地放大，但無論如何在
出現第一次與外星人聯絡的事件之前，所有的計算僅僅是我們人類的
估算，信的人信，不信的人仍然不信。

德雷克公式之所以能聲名遠播，主要是基於這樣一個非常硬的邏輯：因為地球人的出現，可以證明宇宙中出現智慧文明的概率大於 0，這一點是證據確鑿的。那麼，只要樣本空間足夠大，宇宙中智慧文明的數量就不會唯一，就會隨着樣本數量的增大而增大。

德雷克公式最大的意義在於它所體現出來的一種思想，把一個原本無從下手的問題分解為一個個可以研究的變量，這些變量在邏輯上環環相扣，把這些變量都研究出來，那麼最終答案也就水落石出。

用這個思想，可以讓你解決一些看似無厘頭的問題。下面不妨來試着用德雷克公式的思想來解決下面幾個問題：

1. 地球上有多少個異性適合做你的配偶？
2. 自人類誕生以來曾經出現過多少個被飯噎死的人？

請練習一下把這些無從下手的問題分解為一個個可以研究的變量吧，這是個很有意思的思維體操。

十一　電波望遠鏡之最

30 多歲的德雷克此時已經練就了一身的武藝，但是他卻一直在尋覓一

件稱手的兵器。俗話說沒有精鋼鑽，攬不了瓷器活。德雷克精通電波天文的理論，但如果沒有一台威力強大的電波天文望遠鏡，那麼不管有多好的理論都沒用。

影響電波望遠鏡靈敏度的關鍵因素是甚麼呢？是天線，也就是那口「鍋」的直徑。直徑越大靈敏度越高。為了探測從遙遠的宇宙中發射過來的微弱電磁波，這口鍋做得多大都不嫌大。

但有一個麻煩的問題是，由於受到材料本身的限制，這口鍋做不了太大，大到一定程度以後，材料的自重就會把整個鍋給壓垮，無法維持住這種優美的弧形。於是人們想到了一個辦法，那就是在地上刨一個鍋形的大坑，然後把金屬材料貼在大坑的表面，這樣就形成了一口巨大的固定在地面上的天線。用這個辦法，理論上這口鍋想造得多大都可以，但是從成本的角度考慮，最省錢的方法是利用現成的山谷，這樣只要經過簡單的挖掘處理，就可以方便地造出一口鍋來。不過你也不要以為這樣的地方很容易找，首先這個山谷的外形必須得是天然的鍋形，然後必須遠離喧鬧的城市，周圍人煙越稀少越好，這樣無線電干擾就最少；然後這個地方的透水性必須要好，否則一下雨，積水要是滲漏不掉，那麼就可以養魚，別談甚麼搜尋外星人了。美國人在上個世紀 50 年代為了尋找到一個這樣合適的山谷，費了好大的力氣，最後還是在加勒比地區的波多黎各找到這樣一個合適的山谷，各方面條件都符合，於是美國開始在這裡建造一口巨大的電波望遠鏡。德雷克正是這個計劃的發起人之一。

到了 1963 年，這台電波望遠鏡終於建成，口徑達到 305 米，在足有 10 個足球場那麼大的拋物面上，貼了 38 萬片純鋁製成的瓦片，取名叫「阿雷西博」。從衛星照片上看阿雷西博就像一口無比巨大的鋁鍋。隨後美國人評選出人類 20 世紀十大工程，排名首位的就是阿雷西博，不過這個評選是在登月工程之前。讓我們來一睹它的尊容：

阿雷西博電波望遠鏡

007 系列電影的《新鐵金剛之金眼睛》就是在這裡拍的外景，如果你看過這部大片的話，對這裡應該有點印象。除了《金眼睛》還有好幾部電影在這裡取景，包括本書一開始就提到的那部講搜尋地外文明的影片《超時空接觸》。

阿雷西博電波望遠鏡一建成便穩居兵器譜頭把交椅，直到 40 多年後，一群中國人向它發出了挑戰，兵器譜的頭把交椅將在阿雷西博落成的半個世紀之後落到後起的中國人手中。

從阿雷西博的照片中我們可以看出，建設這種超大型射電望遠鏡的關鍵問題還不是技術，而是要找到這樣一個山谷，一旦找到合適的山谷，就可以節省巨大的成本。中國這時候地方大而且多山的好處就體現出來了。從 1994 年開始，我國就派出考察隊在全國範圍內尋找一個合適的山谷，準備建設超大型電波天文望遠鏡。整整找了 12 年，終於在貴州省的喀斯特窪地，南州平塘縣的一個叫大窩凼的地方找到了一個非常合適的山谷，你聽聽這個名字「大窩凼」就像那麼回事，凼就是水坑的意思。如果有個地方叫做「大鍋谷」的話，估計會更合適，就不知道中國有沒有這樣一個地方。讓我們看一下這個地方長啥樣：

大窩凼衛星圖

這個地方被發現以後，全世界的天文學家都興奮死了，因為這個地方簡直就是為建造電波天文望遠鏡定製的，於是在多個國家的關心和資助下，2007 年 8 月 28 日，國家「十一五」重大科學工程 —— 500 米口徑球面電波望遠鏡（FAST）項目獲國家立項批准。經過了將近 10 年的建設，終於在 2016 年落成。它是目前世界上最大口徑的電波望遠鏡，反射面積超過 30 個足球場，比起阿雷西博，FAST 的綜合性能提高了約 10 倍，估計至少能把這個世界第一的地位保持 20 至 30 年，被習主席稱為「中國天眼」。讓我們來看看它的全貌：

位於貴州平塘縣的中國天眼

本書作者在天眼的反射面之下參觀

這是本書中為數不多的幾處能讓咱們中國人露露臉的地方。在中科學的網站上，我們可以看到建設 FAST 的目的之一就是搜尋外星文明發射的無線電波。

但是這種超大型的電波望遠鏡卻有幾個缺點。第一，它不能轉動朝向（最多只能通過改變反射鏡面的角度來微調焦點的位置），這樣就局限了它在天空中的搜尋範圍；第二，它同一時間只能在某一個波段內工作；第三，限於建造地點和施工難度，哪怕有足夠的錢，也很難建更大的望遠鏡。但是人類並不會被這些問題難倒，在阿雷西博建成的 20 多年後，一種更新型的強大武器就會誕生，但在這 20 多年中，阿雷西博是毫無疑問的天下第一劍，大俠德雷克將用這天下第一劍幹下兩件轟動天下的大事。

但此時的德雷克畢竟還只有 30 歲出頭，他還需要再苦心修煉 10 年，才能重新啟動「奧茲瑪計劃」。在德雷克練功的這 10 年中，發生了三件重要的事情是必須要記錄下來的。

十二　「水手 4 號」的火星之旅

第一件事情是讓我們重新回到「火星人」這個話題上，雖然電波望遠鏡沒能讓我們捕捉到來自火星的電波，但此時人類依然堅信火星人的存在，只是他們的科技可能尚未達到收發「電報」的程度。要真正揭開「火星人」之謎，就必須發射探測器造訪火星。

此時正值美蘇爭霸的冷戰時期。美國和蘇聯這兩個當時的超級大國，在航天事業上競相投入巨資，以顯示自己的科技實力。蘇聯率先在 1961 年把加加林送入地球近地軌道，從此加加林成為了人類歷史上的第一個「太空人」，這件事情在人類文明史上的意義怎麼描寫都不過分。或許幾萬年後，人類史大事記中的第一條為「亞當夏娃走出伊甸園」，第二條為「加加林邁入太空」。

蘇聯把目光投向了火星，發誓要趕在美國前面把人造探測器扔上火星。1962 年 11 月 1 日，在全世界的矚目中，蘇聯的「火星 1 號」探測器發射升空。這是人類火星之旅的開端。「火星 1 號」將被發射進入火星環

繞軌道，並對火星進行高空拍照，照片可以傳回地球。「火星1號」還安裝了先進的生命探測儀，磁場探測儀，輻射探測儀。幾乎可以肯定，如果「火星1號」順利進入火星軌道，那麼「火星人」是否存在的謎題將被破解。

然而「火星1號」升空後4個月，在飛到距離地球1億公里左右的地方，它突然與地球失去了聯繫，從此一頭扎進茫茫太空中，杳無音訊。蘇聯人的火星探測計劃嚴重受挫。

「火星1號」的失敗讓美國舒了一口氣，相比之下，美國就顯得比較穩重。他們的計劃是先向距離地球最近的金星發射探測器，積累經驗後再發射火星探測器。雖然在「火星1號」發射的4個多月前，美國就發射了「水手1號」金星探測器，但發射僅僅5分鐘，就因為搭載它的阿塔拉斯火箭故障而偏離軌道，美國空軍果斷地發射導彈摧毀了它。美國緊接着就發射了「水手1號」的後備探測器「水手2號」，在「火星1號」傳回失敗消息的同時，「水手2號」卻成功地近距離掠過金星，傳回大量關於金星的第一手資料。「水手2號」在掠過金星後，被金星的引力加速，像一個鏈球一樣被「甩」向火星，但限於當時的技術水平，「水手2號」無法準確進入火星環繞軌道，只能在飛行1年多後從火星的附近掠過，雖然這個距離不足以拍攝到火星地表的照片，但美國離揭秘火星僅僅一步之遙。

1964年11月，這是一個絕佳的探測火星的「窗口期」。美國在3週內

相繼發射「水手 3 號」和「水手 4 號」兩個姐妹火星探測器，這是一個雙保險。果然，「水手 3 號」因為火箭無法拋棄噴嘴整流片而失敗，而「水手 4 號」則成功踏上了飛向火星的征途。

經過七個半月的漫漫飛行，「水手 4 號」終於在次年 7 月成功抵達火星環繞軌道，第一張近距離的火星照片被傳回地球，困擾了人類一個多世紀的火星人之謎終於被揭開：火星是一個荒涼的戈壁灘世界，佈滿了隕石坑，雖然有一層極其稀薄的大氣，但火星的地表幾乎就是「裸露」在嚴峻的太空中。這裡沒有運河，沒有綠洲，沒有農作物，更沒有火星人。

「水手 4 號」讓科學界歡呼，它是第一個成功造訪火星的人類探測器。但它卻讓全世界的科幻作家捶胸頓足，從此以後，科幻小說中的外星人沒有辦法再駕着飛碟從火星奔來，只得從遙遠得多的其他恆星系飛來。因為距離的數量級變化，外星人飛臨地球的技術難度也增加了不止一個數量級，科幻作家們不得不頭疼地給恆星際航行尋找着科學原理，其難度和成本也是大大增加。

1965 年從此成為了科幻界「外星人」的分水嶺。在這之前，我們地球人還有一個同為「太陽系人」的同胞「火星人」，地球人和火星人可以並肩戰鬥，抵抗「外太陽系人」的入侵。在這之後，地球人只能孤獨地代表太陽系文明與其他星系的文明接觸。

火星地表照片（此圖並不是「水手 4 號」的第一張火星照片）

十三　「小綠人」信號

第二件事情是關於一個神秘的無線電信號。

1967 年，英國劍橋大學天文台建造的一台英國最大的電波天文望遠鏡落成。這台超級巨大的電波望遠鏡採用了很多新型技術，它的接收面積達到了 2 萬平方米，差不多有三個足球場那麼大；它的靈敏度非常高，可以探測到來自宇宙深處的微弱信號。

這台望遠鏡從 1967 年 7 月開始正式投入工作，每天都會產生大量的觀測數據。但那個時候，要存儲這些數據可不像今天這樣直接存在電腦硬盤中。那時只能用記錄紙帶來記錄觀測數據，這台望遠鏡每天打印出來的記錄紙有 7、8 米長。

劍橋大學卡文迪許實驗室的安東尼・休伊什（Antony Hewish）教授是這個項目的負責人。為了檢測剛剛投入使用的這台超級電波望遠鏡是否運作正常，需要對數據紀錄做一些最基礎的校驗工作。這些基礎工作很重要，但卻非常繁瑣，基本上屬於體力活。休伊什教授叫來了他的一個研究生，24 歲的喬絲琳・貝爾（Jocelyn Bell Burnell）小姐。教授指着一堆長達 100 多米的紙帶對貝爾説：「從今天開始，你每天就幫我分析這些紙帶上的紀錄，按照我教給你的校驗方法，仔細過一遍，千萬不要有甚麼遺漏。」

休伊什教授在很多年以後都會對自己這次的無心之舉感到慶幸。他選對人了，貝爾小姐是一個非常仔細認真的人，她一厘米一厘米地分析起紙帶上的數據。到了 10 月的某一天，貝爾小姐發現了一些不尋常的東西。

有一段幾厘米長的紀錄引起了貝爾小姐的注意，這段紀錄表明似乎有一個神秘的信號源，每到子夜時分就會發生閃爍。而每天的子夜時分，電波望遠鏡正對着狐狸星座的上方，這個神秘的電波源出現在赤緯約 +23度，赤經約 19 時 20 分。貝爾小姐立即將這個情況向老闆休伊什報告。

教授對這個原因不明的信號產生了濃厚的興趣，他們懷着激動的心情決定針對這個區域作進一步的詳細觀測。兩個人嘴上雖然都不説，但心裡面都在想着會不會真的是那件事的證據被找到了，這絕對會成為一個震驚全世界的發現。到了 11 月 28 日，自動化記錄筆在紙帶上繪出了一連串脈衝曲線，每兩個脈衝的間隔都等於 1.337 秒，這個奇怪的電波源發出的無線電脈衝波長是 3.7 米，並且脈衝間隔精確到令人髮指。教授震驚了，他努力排除了一切人為干擾等可能性之後，休伊什望着狐狸星座，想到了科幻小説中提到的稱為「小綠人」的外星人。於是，這個神秘的信號被正式命名為「小綠人信號」。

休伊什教授最開始認為，這是居住在一顆行星上的外星人發出來的電波信號，這顆行星圍繞着它的太陽公轉，這個精確的公轉周期引起了脈衝信號精確的周期性變化。但是教授很快便否定了自己的這個浪漫想法。哪有一顆行星 1.337 秒就繞自己的太陽轉一圈？那顆行星上的一年豈不是只有 1.337 秒？這簡直太瘋狂了。隨着進一步的仔細觀測，該脈衝寬度僅為 16 毫角秒，那麼發出這種信號的天體的直徑小於 3000 千米。這正是當時最新的恆星理論中預言的白矮星，或者中子星的尺度。

到了第二年，有着超常毅力的貝爾小姐在長長的紀錄紙帶中又發現了 4 個同樣性質的電波源，他們共同的特點都是間隔時間非常短，只有幾秒鐘，頻率都是 81 兆赫，這就更加排除了外星人的可能。你説哪有那麼巧，這麼多的外星人全都剛好用 81 兆赫的頻率在宇宙中不同的地方不約而同地呼叫地球？

後來的精密測量表明，所觀測到的脈衝信號是由於該天體自轉造成的。1968年2月，著名的英國科學刊物《自然》雜誌上，報道了休伊什教授觀測到來自天體的周期性脈衝電波輻射，其周期短而精確，為1.3373011秒。天文學家形象地將其命名為「脈衝星」。雖然休伊什教授沒有找到外星人的證據，但是他和貝爾小姐一起發現的脈衝星也足以讓他們載入人類的天文學史冊了。休伊什教授也因此獲得了1974年的諾貝爾獎，不過大家現在普遍認為更應該得獎的是貝爾小姐。喬絲琳·貝爾後來也成為了著名的天文學家，擔任過國際天文聯合會的主席。

後來人們確信，脈衝星就是快速自轉的具有強磁場的中子星。在這樣的天體環境裡，當然不會有任何生命存在。但是，脈衝星卻是天文學上的偉大發現，是現代天體演化研究的一個巨大進展。

十四　默奇森隕石

第三件事情是跟一顆神奇的隕石有關。

人類不僅沒能在火星上找到「火星人」的蹤跡，甚至連最基本的生命構成物質 —— 有機物，都沒有找到。太陽系中除了地球，似乎不存在任何生命物質。這個事實讓天文學家們多少都感到有些沮喪，他們迫切

地需要一點新發現來重新振奮一下尋找外星人的熱情。

這個新發現就如同雪中送炭一般在 1969 年從天而降。

1969 年 9 月的一個星期天早上，澳洲上空突然出現一個巨大的火球，並且發出驚天動地般的隆隆聲。這個巨大火球從東至西劃過天空，很多澳洲人聲稱火球劃過的地方留下一種酒精般的氣味，肯定不是白蘭地，但氣味很難聞。火球在墨爾本以北的一個叫做默奇森的小鎮上空爆炸，隕石雨點般地灑下來，最重的一塊竟然有 5 千克多，幸好沒有人被砸到。在躲過了這輪「空襲」後，小鎮上的居民們興高采烈地撿起了天賜的禮物 —— 一種罕見的碳質球粒隕石。你要知道此時正是阿波羅登月飛船剛剛從月球歸來，全世界各大新聞媒體都在連篇累牘地談論着月球岩石標本甚麼的，對於這種天外來物，全世界都有着一種罕見的熱情。默奇森隕石碎塊很快就被不同的研究機構買去，沒過多久，一些驚人的消息陸續傳來。這些至少已經在宇宙中存在了 45 億年之久的天外來物上佈滿了氨基酸，並且種類繁多，超過了 74 種，其中只有 8 種是地球上也有的種類。這絕對是一個驚天動地的發現，人類第一次在宇宙中找到了構成生命的必須物質，雖然氨基酸還不能稱之為生命，但找到了氨基酸就相當於找到了構成生命的「零件」，我們離發現真正的外星生命已經如此之近了。默奇森隕石的奇跡還沒完呢，到了 2001 年，也就是隕石墜落 30 多年後，美國加州的埃姆斯研究中心宣佈，他們在默奇森隕石中發現了一系列複雜的多羥基化合物，也就是一種「糖」，而這種糖是地球上不曾發現過的，這是真正的外星糖。雖然，糖也不能

稱為生命，但它又比氨基酸離生命更近了一步。

自 1969 年默奇森隕石事件以來，又有幾塊碳質球粒隕石墜入地球，其中最著名的一塊是 2000 年墜落在加拿大的塔吉什湖附近，這些隕石都一再地向我們證明，宇宙中實際上存在着豐富的化合物，生命的基本元素並不只在地球上存在。

默奇森隕石中發現有機物的消息振奮了全世界的天文學家，尤其是正在苦練內功的德雷克博士，他加快了發起第二次「奧茲瑪計劃」的進程。

十五　SETI 計劃的高潮

「搜尋地外文明計劃」（SETI）是德雷克在 1961 年正式提出的概念，從此以後德雷克就成了 SETI 計劃的領導者。

英勇的德雷克並沒有被第一次「奧茲瑪計劃」的失敗擊倒。到了 1972 年，德雷克率領着一隊來自多個國家的科學家，開啟了第二次「奧茲瑪計劃」。這次德雷克有備而來，他們使用了包括阿雷西博在內的諸多精良設備整整做了 4 年觀測，在這 4 年中，總共對 650 多顆距離地球 80 光年內的恆星進行了監聽，監聽頻率也從氫波段增加到了 384 個不同的頻率。不過，這次好運氣依然沒有降臨到德雷克頭上，他們仍然沒有

找到外星人信號。

第二次「奧茲瑪計劃」正值美蘇冷戰的高潮，在搜尋外星文明上，蘇聯不甘落後，他們也組織了大量的人力物力來搞 SETI 計劃。1973 年，幾個蘇聯天文學家公開宣稱他們接收到外星人的「來電」，這份來電發自波江座 ε 星。美國還沒回過神來，蘇聯又宣佈他們成功破譯了這份「來電」，大意是：從此處出發，我們的家在波江座 ε，這是一對雙星，我們在七個行星的第六個行星上，請對向我們……我們的實驗室正在你們的衛星（月球）附近。

但是蘇聯無法提供進一步的證據，也不肯說出收到電文的具體時間，信號的頻率，以及天球坐標等，基本上可以肯定是個國際玩笑 —— 因為美國成功登月讓當時的蘇聯很沒面子，他們就想出這麼一個法子來刺激一下驕傲的美國人。在劉慈欣的科幻小說《三體》中，繪聲繪色地描述了當時處於文化大革命時期的中國也在搞 SETI 計劃，當然，大劉只是寫科幻，我並沒有查到這方面的可靠紀錄。

第二次「奧茲瑪計劃」之後，人類就再也未停止對外星文明信號的探測，以美國為首的國家各種 SETI 計劃此起彼伏，規模有大有小，終於在 1977 年發生了一件大事。

1977 年 8 月 16 日，在美國俄亥俄州立大學的大耳朵電波天文望遠鏡觀測站，數據分析員恩曼博士（Dr. Jerry R. Ehman）像往常一樣閱讀望遠

鏡輸出的數據紀錄紙帶，突然他揉了揉自己的眼睛，幾乎不敢相信看到的東西。在數據紀錄帶上明顯地顯示了在氫波段上記錄到了一個持續72 秒的強烈脈衝信號，恩曼激動地在紀錄帶上畫了一個紅圈，然後在邊上寫下「Wow!」，讓我們來看下那個著名的紅色「Wow」：

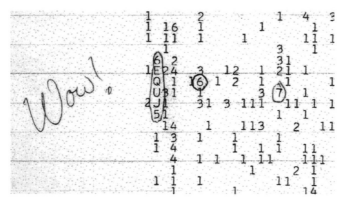

Wow 信號原始記錄

於是這個信號就被稱為「Wow 信號」。只記錄了 72 秒鐘的原因是大耳朵電波望遠鏡本身隨地球自轉而轉動，因此對任何一個來自地球以外的信號最多只能記錄 72 秒，超過這個時間，望遠鏡就轉到別的方向。經過定位分析，發現這個信號來自人馬座附近。該消息一經公佈，全世界的天文學家都欣喜萬分，他們紛紛把望遠鏡對向了人馬座區域，使用「Wow 信號」的頻率開始監聽，但是直到今天，我們也沒有收到特殊信

號。「Wow 信號」是目前為止所有 SETI 計劃中最出名的一次事件，但遺憾的是只記錄了信號的強度，而沒有記錄信號更多的信息，因此無法破譯也無法證明確實是外星文明的信號。但無論如何，人們也沒法證明它是一個誤會，它帶給了我們無限希望和無限遐想。

SETI 計劃達到了空前的高潮。

十六　先鋒號的禮物

就在全世界的天文學家都熱衷於 SETI 計劃時，美國著名的天文學家、科幻小説作家、我們的老熟人卡爾·薩根也沒有閒着，他在想着另一件比 SETI 更有趣的事情，那就是給外星人送一件地球的禮物過去。

這個想法聽起來有一點瘋狂，但卡爾·薩根卻真的做到了。事情是這樣的：1972 和 1973 年，美國先後發射了兩個空間探測器，分別叫「先鋒 10 號」和「先鋒 11 號」。一個的主要目標是探測木星，另一個的主要目標是探測土星。當這兩個探測器完成探測行星的使命後，會藉着慣性繼續往宇宙深處飛去，飛到一定距離後，人類就無法再控制，就好像斷線的風箏一樣。我們的老熟人卡爾·薩根在得知這個消息後，就開始遊説美國太空總署（NASA），薩根跟 NASA 的領導説何不在這兩個探測器上攜帶一點送給外星人的禮物，反正風箏斷了線以後，就有去

無回，閒着也是閒着，唯一能起到的作用想來想去也只能是當作漂流瓶了，總比就這麼白白浪費了的好。領導最終被薩根說服了，他們給了薩根三週時間設計這個禮物。

先鋒 10 號探測器效果圖

薩根很興奮，他馬上找來老朋友德雷克博士一起研究設計。他們想：首先禮物必須很輕，因為火箭的發射成本都是以有效載荷的克數來衡量的；然後必須能保存很久，至少是以百萬年來考量。經過一番研究和論證，最後他倆決定在這兩個探測器上各放置一塊大小如 A4 紙差不多的鍍金鋁板。因為鋁是最輕的金屬之一，而金又是穩定性最好的金屬材料之一，因此鍍金的鋁板是最佳選擇。他們計劃在這塊鋁板上繪製一副圖畫，作為地球人帶給外星人的信息。但到底畫一副甚麼樣的圖上去呢，這倆人是傷透了腦筋，既要保證帶有足夠多的信息，又要保證外星人能夠看明白，這可不是件容易的事情。時間緊，任務重，不由得他們多想，最後他們決定了這樣一副圖畫，並且由薩根的老婆執筆把它畫了出來，我們來看一下：

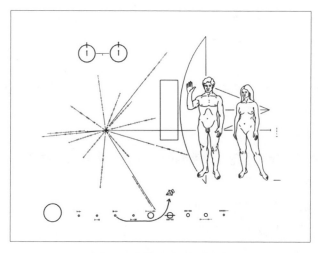

先鋒 10 號攜帶的鍍金鋁板

圖畫中的第 1 部分表示氫原子。氫是宇宙中最廣泛的元素，對氫原子的認識程度，也就是代表人類對微觀世界的認識程度，大致可以反映人類文明發展到的一個高度。

第 2 部分是太陽相對於銀河系中 14 顆脈衝星的位置。這部分是用來幫助外星人找到人類在銀河系中的具體位置。15 條直線均由同一個地方放射出來。當中的 14 條線有一列以二進制形式寫上的數字，這表示了銀河系中 14 顆脈衝星（中子星）的脈衝訊號周期。由於每一顆脈衝星的訊號周期會隨時間而變化，所以外星人可以依據當時的脈衝周期，計算探測器的發射時間。線條的長度表示了那些脈衝星相對於太陽的距離。每段線條尾部的記號則表示了其交錯於銀河平面上的 Z 坐標。外星人尋獲這塊板時，很可能只能看見其中的幾顆脈衝星，因此標示 14 顆脈衝星之多。至於第 15 條線則向右伸延到人類繪圖之後，這條線表示了太陽與銀河系中心的相對距離。

第 3 部分是先鋒號探測器的外形輪廓。這個輪廓的前景是人類的形象，表示了人類相對於探測器的大小。

第 4 部分是人類的形象。沒想到的是，這一男一女兩個裸體形象惹來不少麻煩。薩根他們的本意是想讓外星人能夠清晰地了解人類的真實外觀，所以沒有給他們穿衣服。但是溫和的批評者們認為這樣會讓外星人誤以為人類就是真的不穿衣服的一群「動物」，而是否遮擋身體也是文明程度的重要標誌。激烈的批評者認為，這個金屬板的圖形必然

會在以後作為重要的科普材料廣泛地在青少年中傳播，而這麼暴露的裸體形象實在有害青少年們的身心健康（不要噴飯，注意那是 70 年代，美國人也是很保守的）。《芝加哥太陽時報》在發表這副圖的時候，有意把男女的「關鍵部位」打上了馬賽克才敢發表。但是《洛杉磯時報》沒有打馬賽克就直接發表了，果然就收到很多讀者寫來的措辭強烈的警告信，他們指出 NASA 在用納稅人的金錢向外太空發佈淫穢信息，而報社是同謀（這帽子大得誇張）。

第 5 部分是太陽系。在板的底部繪有太陽系的圖示，及一個細小的圖形以代表探測器。從圖中可以看到探測器經過木星後離開太陽系的軌道。土星還繪上了光環，希望以這個特徵來突顯出太陽系，便於尋找。在每個行星旁的一組二進制數字，是每個行星距離太陽的相對距離。單位等於水星公轉軌道的十分之一。

這張鍍金的金屬板一式兩份，被分別放在先鋒 10 號和 11 號上，目前已飛行至距離地球 100 多億公里的太陽系邊緣。現在來看，這兩張金屬板非常詳細地曝露了地球的位置和人類技術文明的高度，是非常具爭議的。但是以人類目前掌握的技術是不可能把他們收回來了，或許幾百年後我們能發射速度更快的飛船把它們追回來。不過各位讀者也不必太擔心，先鋒 10 號目前正以每年 2.6 個天文單位的速度向金牛座的雙星前進。如果金牛座雙星沒有相對速度的話，將會讓先鋒 10 號花上大約 200 萬年的時間才到達。對於一個文明來說，200 萬年是真夠長的，或許已經足夠我們做好應對強大的外星人入侵的準備了。另外，幾百萬年以

後，第 2 部分的那些脈衝星也會發生很大的變化，太陽的位置也會發生很大的變化，外星人想要定位太陽系的位置恐怕也是非常非常困難的。

十七　呼叫外星人（METI）

利用電波望遠鏡，通過電磁波來尋找外星人是一種靠譜的科學方法，SETI 計劃正是人類試圖通過「監聽」的方式來發現外星人存在的證據，但這是一種被動的方式。另外一種更加主動的方式就是給外星人發射信息，他們如果收到，就有可能給我們回電。這種主動發射信息的方法被稱為「Message to the Extra-Terrestrial Intelligence」，簡稱 METI，也可以稱為「主動 SETI」。

人類的第一次 METI 行為發生在 1974 年。這一年阿雷西博電波天文望遠鏡改造完成，綜合性能大幅度提升，為了慶祝，美國決定給發送外星人一條信息，這就是著名的「阿雷西博信息」，人類第一次向宇宙宣佈人類文明的存在。發射阿雷西博信息的重任又落在了我們的老熟人德雷克身上，德雷克相當的激動，立即摩拳擦掌開始了行動。

要向宇宙中發射電磁波信號，說起來似乎很容易，但實際操作也有很多麻煩。有三個最基本的問題：第一，用甚麼頻率發射？第二，往哪裡發射？第三，發射甚麼樣的信號？

第一個問題比較容易解決，那就是用氫波段附近的頻率發射信號，之前已經解釋過，這是從邏輯上來說最有可能被外星人監聽的波段。阿雷西博信息最後決定用的是氫波段頻率的三分之二來作為發射頻率，波長為 12.6 厘米。

第二個問題稍微難一點。向宇宙中發射無線電信號，以我們現有的技術是做不到全宇宙廣播的，因為電磁波的能量會隨着距離增加而衰減，為了盡可能發射得遠，就必須把能量集中在一個方向上，就像激光一下，把電磁波定向地發射出去。但宇宙實在是太大了，電磁波總是要隨着距離的增加而慢慢擴散，能量也隨之衰減。銀河系中至少有 2000 多億顆恆星分佈在一個直徑 10 萬光年的鐵餅形區域中，我們在銀河系中隨機選擇一顆恆星恰好有外星文明的概率比中千萬彩票大獎的概率還低。因此，德雷克覺得好不容易有了這麼一次發射信號的機會，不應該只選擇一顆銀河系的恆星來發射，那樣中獎的概率太低了。經過一翻思考和論證，德雷克決定朝一個叫做 M13 的球狀星團（武仙座球狀星團）發射信號，這個球狀星團在 165 光年直徑的一個球形區域中分佈了大約 100 多萬顆恆星，密度遠遠超過了銀河系恆星的平均密度，這樣就大大增加了中獎概率。M13 離地球十分遙遠，有 25000 光年之遙，也就意味着即使有外星人收到了我們的信息，也是 25000 年以後的事情了。如果他們收到信號之後，再給我們回一個電報，我們還要再等上 25000 年，也就是說，5 萬年後的地球人有可能可以和武仙座人建立聯繫。

第三個問題是最有挑戰的問題。我們要發射甚麼樣的信息，外星人才

能看得懂呢？我們顯然不能指望外星人懂任何地球上的語言。所以最保險的方式是讓外星人能夠非常容易地把信號轉換成一副圖畫。電磁波信號只能由強弱不一的脈衝組成，你可以想像成發電報的嘀和嗒，一個長脈衝表示嘀，短脈衝表示嗒。好了，現在如果你是當年的德雷克，你會如何利用這個嘀嗒聲來完成一副圖畫的創作呢？

讓我們來看看德雷克是如何做的。

首先他把脈衝的總數量設計為 1679 個，這個數字只能分解為 23 和 73 兩個質數的乘積，因此外星人只能把這段脈衝拆成 23 行 73 列，或者反過來 73 行 23 列才能剛好斷成一個完整的矩形，一個脈衝也不少，一個脈衝也不多。他想外星人連收取電磁波信號的技術都有了，肯定不至於笨到不會試着把這一連串的脈衝斷行處理。這裡面比較巧妙的是如果外星人斷成了 23 行，那麼整個信號就會變成一種白噪聲（這是一個術語，你簡單理解為雜亂無章無規律可循的噪音即可）。如果外星人把他斷成 73 行 23 列，則會發生一些奇妙的變化，這些看似毫無規律的脈衝信號，只要把嘀聲（長脈衝）在紙上塗成黑色，嗒聲（短脈衝）塗成白色（當然反過來塗色也一樣，只要顏色不同即可）。一副明顯有規律的圖畫就會展現在外星人的面前，我們可以展開我們豐富的想像力，以某個科幻電影為藍本，想像一下當某個外星人譯電員第一次看到這幅圖畫的情景。

相當之神奇吧，如果你是那個外星人譯電員，你會如何解讀這幅圖像呢？我估計你除了看懂了那個小人以外，其他的啥也沒看出來。但是

你要想作為外星人，對人類的外形是完全沒有概念的，那個小人的形狀在他們眼裡跟這幅圖畫上的任何形狀是沒有甚麼區別的。但是很多玄機就藏在這幅神奇的圖像當中，讓我來逐個給你解釋一下，你來判斷一下外星人能否成功破譯。

第一部分：數字

這相當於整個阿雷西博信息一個破譯指南。人類首先申明了在這幅圖畫中，我們怎麼表達數字。我們認為，不論任何形式的文明，數字的概念是一定存在的，而用數字來溝通是最理想的宇宙語言。從左到右，依次用二進制來表示數字 1 到 10，注意第四行是表示起始位置，後面凡是表達數字的地方都會把第一位打成實心的表示起始位，如果沒有這樣一根「基線」，就可能產生歧義。把 1 到 10 用二進制表示出來，也表示著我們人類用的是 10 進制系統。

第二部分：五種化學元素

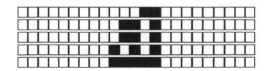

這是宇宙中五種化學元素的原子序數，他們從左到右分別是：氫（1）、碳（6）、氮（7）、氧（8）、磷（15）。我們假定能接收阿雷西博信息的外星人也應該掌握人類在 100 多年前就掌握的基本化學元素的知識。宇宙中的生命形式再怎麼變化，構成這個宇宙的基本化學元素是不會變的，這是宇宙的普適規律。這一行我們申明了五種人類認為最重要的化學元素。

第三部分：五種元素構成的生命物質 —— 核苷酸

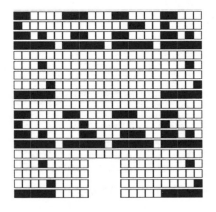

這部分比較複雜，總共有 12「堆」圖形，每一堆代表一個化學分子式，這些化學分子式就是由第二部分的五種基本元素組成。

第 1 行：去氧核糖（Deoxyribose, C_5OH_7）、腺嘌呤（Adenine, $C_5H_4N_5$）、胸腺嘧啶（Thymine, $C_5H_5N_2O_2$）、去氧核糖（Deoxyribose, C_5OH_7）
第 2 行：磷酸鹽（Phosphate, PO_4）、磷酸鹽（Phosphate, PO_4）

第 3 行：去氧核糖（Deoxyribose, C_5OH_7）、胞嘧啶（Cytosine, $C_4H_4N_3O$）、
鳥嘌呤（Guanine, $C_5H_4N_5O$）、去氧核糖（Deoxyribose, C_5OH_7）
第 4 行：磷酸鹽（Phosphate, PO_4）、磷酸鹽（Phosphate, PO_4）

這 12 種有機分子是構成一切地球生命物質的基礎，正是因為在自然
界中五種元素奇妙地組合在了一起，才形成了地球上千變萬化的生命
形式。

第四部分：DNA 的雙螺旋結構

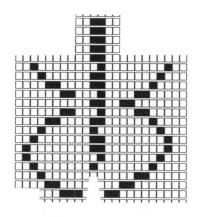

到了第四部分，德雷克描述了 DNA 的雙螺旋結構。正是上面的 12 種
最基本的生命分子，神奇地組合成了雙螺旋結構，才誕生了真正的生
命。中間的黑色部分是一個很大的數字，代表着一個 DNA 中核苷酸的
總數量，也就是 4,294,441,823 個。

第五部分：DNA 構成了人類

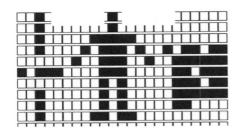

在這部分中，人類登場了。中間部分就是一個人的基本形象。左邊的直條和人等高，中間的橫條部分是一個數字，用來表示人的身高具體值。這個數字是 14，你可能會奇怪為甚麼人的身高要寫個 14？這恰恰是德雷克高明的地方，你想啊，一個物體的長度離不開單位，我們只能給出數字，但是我們無法準確地跟外星人表達單位。所以，為了讓外星人對我們表達身高的這個數字產生實際的意義，就必須以一個我們雙方都理解的長度作為參照物。而在這個電磁波中，有一個天然的長度參照物，那就是波長，這是宇宙普遍的規律，在地球上我們把這個波長記作 12.6 厘米，那麼外星人不管用甚麼單位來表示，這個波長就是最好的參照物，我們只要指明人類的身高相對於這個波長的倍數就能讓外星人準確地理解我們的身高了。因此，這個數字 14 表示的是人類的身高是波長 12.6 厘米的 14 倍，也就是 176.4 厘米，這是人類的平均身高。在小人的右邊也是一個很大的數字，那個數字是 4,292,853,750，這個數字是 1974 年的全球人口數量。

第六部分：太陽系

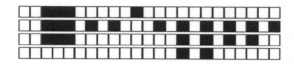

這部分代表了我們生活在一個有 9 顆行星[1]的恆星系中，最左邊的是太陽，後面依次代表從水星到冥王星的九大行星，其中第三顆行星抬高了一格，一看就比較特殊，那表示我們人類就生活在第三顆行星（地球）上。

第七部分：阿雷西博

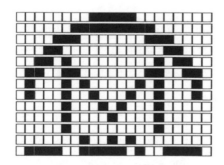

這部分就是電波望遠鏡阿雷西博的簡筆畫外形。當然外星人不會知道我們給它取名叫阿雷西博，我們只是告訴外星人我們使用甚麼樣的

1　編按：阿雷西博信息發射時，冥王星仍未被褫奪行星身份。

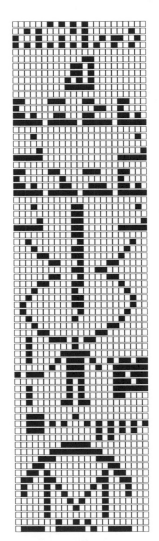

阿雷西博信息

設備發送了上面的那些信息。下面的部分就如同表示人的身高一樣表示了阿雷西博的口徑，這個數字是 2430，表示阿雷西博的口徑是波長的 2430 倍，也就是 306.18 米。

以上就是阿雷西博信息的全部內容，我們堅信作為一個能懂得電磁波的文明來說，要破譯這個信息並不是太難的事情，想想人類能在毫無線索的情況下都破譯幾千年前的古文字和符號。

整個阿雷西博信息是一個邏輯非常嚴密的表達體系，用到的全是宇宙中普適的規律，我希望各位讀者能再完整地看一遍左面這幅圖：

首先從最基本的數字概念開始，有了數字我們就能表達宇宙中的元素，有了元素我們就能表達由元素構成的分子，有了分子就能表達生命，有了生命就能表達人類，有了人類就能表達我們生存的星球；最下面是一台電波望遠鏡，我們把以上信息向

宇宙中的文明傳遞。這是一組多麼簡潔和優美的信息啊。

阿雷西博信息發送後，人類在 1999 年、2001 年和 2003 年還有三次大規模的 METI 行動，這三次行動分別叫做「宇宙呼喚 1（Cosmic Call 1）」（俄羅斯）、「青少年信息（Teen Age Message）」（俄羅斯）、「宇宙呼喚 2（Cosmic Call 2）」（美國、俄羅斯、加拿大聯合發起），這三次發射的目標離地球都要近的多，分佈在 32 光年和 69 光年之內一些最有可能存在外星人的恆星系。最先抵達目標的信息是「宇宙呼喚 2」中一個發往仙后座 Hip 4872 恆星的信息，抵達時間是 2036 年 4 月。如果那個恆星系真的有文明存在，且文明程度到達了能接收電磁波信號的程度，那麼最快在 2068 年我們能收到回覆。我掐指一算，還有希望活到那天（90 歲），為了迎接那天的到來，我一定要努力活下去的。

十八　航行者號的禮物

到了 1977 年，人類給外星人送禮物的行為達到了高潮，那一年，美國先後發射了航行者 2 號和 1 號這兩個姊妹探測器。兩個探測器上都攜帶了來自人類的珍貴禮物 —— 地球名片。這次相比上次先鋒號的禮物那可是大大的升級了，上次只是薩根和德雷克倆的「民間」行為。這次就不一樣了，NASA 和美國政府精心策劃了這次禮物。禮物的載體是一張鍍金的銅質磁盤，長得跟一張唱片一模一樣，大小也差不多，還有

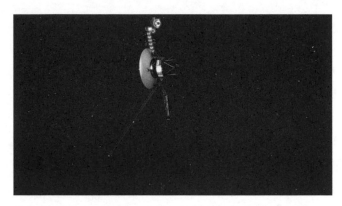

航行者 1 號

一根用鑽石製成的唱針，以方便外星人了解怎麼讀取唱片內容，理論上這張唱片和唱針能保存 10 億年。

在這張史上最牛的唱片中包含了以下內容：

首先是時任聯合國秘書長卻特．瓦爾德海姆的問候，內容是：「這是一份來自一個遙遠的小小世界的禮物。上面記載着我們的聲音、我們的科學、我們的影像、我們的音樂、我們的思想和感情。我們正努力生活過我們的時代，進入你們的時代。」

然後就是包括美國總統卡特在內的 55 種人類語言的問候語音，其中有四種是中國的語言（普通話、粵語、閩南語、上海話）。估計在美國人看來，中國這幾種語言的差別就跟英語和德語的差別一樣大，這倒不奇

航行者金唱片正面

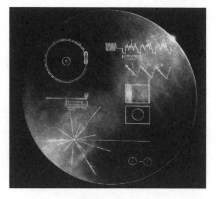

航行者號金唱片背面，上面的圖形
主要是教外星人讀取信息的方法。

怪，其實很多北方人第一次聽到上海話的時候基本都認為是日語。

普通話的問候語是：「各位都好吧？我們都很想念你們，有空請到這
兒來玩。」

粵語的問候語是：「各位好嗎？祝各位平安、健康、快樂。」

上海話的問候語是：「祝你們大家好。」

閩南語的問候語是：「太空朋友，你們好！你們吃飽了嗎？有空來我們
這裡玩玩哦。」

接下去是一個 90 分鐘的聲樂集錦，主要包括地球自然界的各種聲音及 27 首世界名曲，其中有中國京劇和古曲《高山流水》、日本的尺八曲，還有莫扎特、貝多芬、巴哈等人的作品。

最後是 115 幅圖片。這些圖片包羅萬象，有太陽系各大行星的圖片，寫滿數學公式的紙，各個民族的日常生活，地球上自然風光，各種動物，人類生殖過程的詳細圖解等等，可以說每張都是精心挑選的有代表性的圖片，給大家看一張跟中國有關的，你一看就知道是甚麼了：

金唱盤中的圖片

但是在這些圖像中，美國迴避了表現核爆、戰爭、貧窮、疾病等自暴家醜的照片，看來中國「家醜不可外揚」的古訓放到整個人類物種上也是適用的，在真正要面對外星人的時候，人類還是希望能夠保住顏面的。

航行者 1 號和 2 號到今天還在為人類工作着，時不時地還有訊息傳回來，他們目前都已經飛出了太陽系八大行星的範圍，在太陽系的邊緣跋涉。但說是說已經到了太陽系的邊緣，其實要真正飛出太陽系至少還要幾萬年的時間。

2010 年 4 月 22 日，NASA 的深空網絡在航行者 1 號的約定頻率收到一組奇怪的信號，後來證實這確實是航行者 1 號發射的，電波在太空中整整傳播了 13 小時才到達地球。奇怪的是，這組發自航行者 1 號的信號非常奇怪，就好像一串「亂碼」，NASA 的專家們居然沒有一個人能明白這些信號的含義，包括當初設計航行者 1 號信號系統的科學家。這個消息不脛而走，一時間引起了公眾的極大興趣。德國有一個著名的 UFO 專家豪斯多夫，站出來大膽斷言說我知道航行者 1 號發生了甚麼事情，它已經被外星人劫持了。豪斯多夫在媒體上發表文章說：「看起來飛船被劫持了，程序被重新編寫，因此我們無法破譯。」豪斯多夫不愧是 UFO「磚」家，他的這次不失時機的大膽推測為他引來了極高的知名度，全世界的 UFO 愛好者爭相傳誦，很多媒體也一起跟着湊熱鬧，以訛傳訛，搞得有一陣子似乎外星人存在的證據已經被 NASA 找到了似的。其實，NASA 沒有對豪斯多夫的看法做出回應，而大多數科學家及工程師的看法是，飛船上的存儲系統可能出了些小故障。

如果外星人真的劫持了航行者 1 號，又決定發送信息到地球來的話，那麼想要發送一點讓地球人能明白的信息，對於一個能夠在太陽系內劫持人類探測器的文明來說，實在是太容易了。很簡單，外星人只要利用航行者 1 號發回一串表示質數的脈衝信號回來，人類就立即明白怎麼回事了，只要建立起了雙向溝通，對於兩個智慧文明來說，哪怕是僅僅用數字，就能溝通很多很多事情了，比如發一個 3.1415……就可以代表一個圓了，數學是宇宙通行的語言。

十九　是福還是禍

SETI 計劃和 METI 計劃（包括給外星人送禮物，這也是一種 METI 行為），構成了人類試圖與外星文明接觸的主流方式，整個 70 年代是人類航空航天、探索宇宙事業的高潮，同時也是人類對宇宙和外星文明思考的高潮。在第一次 METI 行動之後，有一些科學家突然站出來強烈反對 METI 行動，而且反對的聲音由小到大，越來越多的知名科學家加入到了反對者的陣營中。很快，在 METI 的支持者和反對者之間開展了激烈的全球性大辯論，交戰雙方異常火爆，紛紛著書立說，這場辯論逐漸從純學術性的討論發展成為事關人類文明生死攸關的大思考，從科學的領域開始向文學、政治、哲學、宗教等領域擴散。

下面是一場我虛構的電視辯論賽，但裡面的人物和觀點都是真實的，從

中我們可以看到科學家們是如何思考人類文明與外星文明之間的關係。

正方觀點：人類應該主動呼叫外星文明。
正方一辯：法蘭克・德雷克（Frank Drake）
正方二辯：卡爾・薩根（Carl Sagan）
正方三辯：亞歷山大・扎伊采夫（Alexander L. Zaitsev）
反方觀點：人類不應該主動呼叫外星文明。
反方一辯：馬汀・賴爾（Martin Ryle）
反方二辯：大衛・布林（David Brin）
反方三辯：法蘭克・迪普勒（Frank Tipler）
主持人：汪詰

（主持人）汪詰：歡迎來到地球（笑聲）。人類在宇宙中是孤獨的嗎？銀河系中的幾千億顆星辰讓我們有理由相信，我們並不是這個茫茫宇宙中唯一的智慧文明。我們已經具備了朝銀河系中任意一個恆星系發電報的能力，但是，收到電報的外星人到底是像電影《E.T. 外星人》中那個純真、善良的 E.T. 呢？還是劉慈欣筆下的三體文明呢？我不知道。人類到底應不應當主動呼叫外星文明？這顯然是個問題。首先，我們將進入觀點陳述環節，首先請出正方一辯，法蘭克・德雷克先生。他是全世界最知名的天文學家之一，正是他寫出了人盡皆知的德雷克公式，也是他創立了人類首個 SETI 計劃，由他主導設計的阿雷西博信息更是讓人拍案叫絕。讓我們以熱烈的掌聲歡迎德雷克先生陳述他的觀點。
（掌聲）

（正方）德雷克：謝謝主持人。各位觀眾，大家晚上好。從前，有一個孩子生活在一間大房子裡面，這間房子四壁全都是完全密封的，沒有任何的窗戶，當然，他小的時候從來就沒有見過窗戶。在他還是孩子的時候，他覺得這間房間很大、很溫暖，到處都有綠色的植物、豐富的食物和水源，他覺得生活在這間房子中是多麼的幸福和滿足。孩子慢慢地長大了，活動能力越來越強。終於有一天，他發現房間的牆壁上有一條縫隙，他小心翼翼地沿着縫隙慢慢摸索，終於發現了窗子的秘密。當他第一次推開窗子看到外面的世界時，他被眼前的世界震驚了，那是他從未想像到的寬廣和巨大。他好奇地在房子的四壁開始了探索，很快他又找到了一扇門，當他推開那扇大門時，外面世界的涼風拂起了他的衣袖，四處無比空曠，他大喊了一聲「還有人在嗎？」聲音消失在無盡的虛空中，連一絲回音也沒有，他禁不住雙手合抱了起來，一陣強烈地孤獨感席上了心頭。沉默良久，他抬起頭，極目遠望，凝視了很久，終於他發現在很遠很遠的地方，似乎有無數的燈火在閃爍，一直延伸到無限遠。他突然意識到，原來自己並不孤獨，他的同伴們一定在遠方等待着他的呼喚，他意識到自己已經長大了，他需要融入一個大家庭，他需要開拓一個嶄新的視野，他需要勇敢地面對未知，他的神情逐漸變得越來越堅毅。終於他鼓足勇氣，對着遠方用力地喊出了他對這個世界的第一聲問候：「你們好，我來了！」謝謝大家！（長久的掌聲）

（主持人）汪詰：謝謝德雷克先生。這個孩子叫人類，這間房子叫地球。我從小到大最怕的就是孤獨，我感覺我已經被正方打動了，戰勝孤獨只能靠勇氣和行動。正方已經打出了一記漂亮的感情牌，反方該如何應

094

對呢？下面讓我請出反方一辯，馬汀‧賴爾先生，1974 年諾貝爾物理學獎得主，雙天線無線電波干涉儀的發明者，他開創了電波天文學的新紀元。有請！（長時間熱烈掌聲）

（反方）賴爾：謝謝汪淼，大家晚上好。對方一辯確實讓我們看到了一個剛剛開竅的有為青年的形象，遺憾的是，我只想評價五個字：「很傻，很天真」（笑聲）。當人類自以為勇敢地向外面的世界喊出「我來了」的時候，卻沒有想到在暗處有一個外星人對另一個說：「看吧，我說的沒錯吧，讓你耐心點，這不，包子就自己送上來了！」（大笑）。我想很嚴肅地告訴大家，在宇宙中可能充滿着不懷好意、飢腸轆轆的外星生物。我們不妨想想地球上的生物，是不是絕大多數的生物都有與生俱來的攻擊性，這是必然的，因為一個物種要延續，他必須找到自己食物鏈的下端，說得簡單點，每個生物都在用一生去爭奪能量。有句話叫做「人為財死鳥為食亡」，優勝劣汰是這個宇宙永恆不變的法則。我們堅信哪怕是在我們的銀河系中，也有數不清的智慧文明的存在，會有比我們落後的，但更多的是遠遠超過人類文明程度的外星人。想想我們人類文明自身的歷史吧，當先進的歐洲人遇到落後的印第安人，當一夜暴富的美國人踏上非洲大陸，他們首次遭遇非洲人的時候根本沒認為對方是人，因為只有眼睛和牙齒能看見（笑聲），然後大家想想發生了甚麼？印第安人幾乎被屠殺殆盡，而非洲人變成了黑奴。各位，當比我們先進得多的外星文明遇見地球文明，你覺得我們會成為印第安人還是成為非洲人呢？可能對方辯友會認為外星人會用他們更發達的大腦來替我們打工呢，這不是很傻很天真是甚麼？（笑聲）難道就為了滿足

少數人的一些好奇心和偏執，我們要和你們一起承擔淪為黑奴的風險？呼叫外星人的行為就是一場拿着全人類命運作為賭注的冒險行為，為了我親愛的家人，我必須站出來抵制這種不負責任的冒險行動。請大家用掌聲支持我，捍衛我們的文明。（長時間熱烈掌聲）

（主持人）汪詰：賴爾先生讓我的背脊全是涼意（笑聲）。看來，宇宙很危險，還是老老實實在家待着，別大喊大叫為妙啊。但顯然，我們的正方二辯不同意賴爾先生的觀點，此人就是大名鼎鼎的集天文學家、科普作家、科幻作家於一身的卡爾・薩根先生，在座的各位觀眾恐怕都看過薩根先生主持的電視紀錄片《宇宙》吧。他同時也是美國行星研究協會的創始人和會長，在世界上有着超高的人氣和廣泛的影響力。掌聲有請！（全場鼓掌雷動）

（正方）薩根：尊敬的主持人，對方辯友，各位觀眾，很榮幸有機會在此發言。對方一辯前面說，我們就像是包子，而外星人則是兇猛的恐龍。對這一點我實在不能苟同，人類之所以能稱之為智慧文明，那就是因為我們脫離了動物界的食物鏈，越是強大的文明越是懂得保護弱小，尊重生命，文明史之所以叫做文明史，那是因為我們始終比昨天更加文明，而不是越來越想吃包子！（笑聲）千百年來，有多少先賢站在星空下，發出這樣的疑問：我們從哪裡來，要去往何處？這是人類的終極問題，要尋找答案，人類必須把目光投向宇宙，我相信，答案不在地球上，而在宇宙深處。這個宇宙如此浩瀚，肯定不僅僅只有人類，否則也太浪費空間了吧。（注：這句話是卡爾・薩根的暢銷小說《接觸》中的

名句）那麼我們可以想見，整個宇宙其實是一個更大的社會，一個文明
必須度過最初的生存考驗，還要發展出足夠的技術文明，才能融入這個
社會，現在我們才剛剛具備了向這個宇宙大社會發出微弱呼聲的能力，
難道要把人類幾千年的努力都扼殺在搖籃中嗎？對方辯友如此害怕與
外星人接觸，究其本質原因，這不過是我們文明落後狀態的一種反映。
我們自己曾經在歷史上踐踏過比自己弱小的文明，我們良心的不安，表
現成我們懼怕先進的外星文明。我們念念不忘哥倫布和阿拉瓦克人，
科爾特斯和阿茲特克人，這些令人傷感的往事使我們對未來憂心忡忡。
但我敢斷言，當某一天星際艦隊出現在地球上空時，我們人類將會由此
受益。想想我們人類現在面臨的眾多難題，人口危機、戰爭危機、環
境危機、能源危機等等，這些問題坐在家中，關起門來就能解決了嗎？
或許我們現在面臨的這些危機是所有宇宙社會中最為初級的問題，比
我們先進得多的文明早有良方。現實的危機是人類實實在在已經面臨
的危險，而對方辯友宣稱的那些危險僅僅是一種毫無根據的猜測，我們
難道要讓這些猜測去阻止人類尋求終極解決方案的探索嗎？我們的地
球，甚至太陽系，在銀河系中也不過如沙漠中的一粒細沙，把自己封閉
起來，做一個鴕鳥，不去爭取了解外面的世界，一睹超級文明的風采，
難道是更明智的嗎？黑夜給了我黑色的眼睛，我卻用它來尋找光明！
謝謝大家！（長時間掌聲）

（主持人）汪淼：謝謝薩根先生。薩根先生的立意相當之高，聽完先生
的高論，我深刻感到與其這樣固守在地球上被各種危機折磨死，倒不如
索性豁出去，冒一點遇到異形的風險，去宇宙中尋求終極解決方案。

但我知道，同樣作為雨果獎得主，著名的科幻作家、物理學家、NASA顧問的反方二辯大衛・布林先生不會同意這個觀點，讓我們來聽聽布林先生的高見吧。（熱烈的掌聲）

（反方）布林：尊敬的先生女士們，大家晚上好。剛才對方二辯說人類已經面臨的危險是實實在在的，而宇宙中的危險卻是猜測，這一點沒有錯。但是我想提醒大家的是，無論是人口問題還是環境問題，這些都是我們人類自己搞出來的問題，作為理性的人類，自己搞出的來問題至少在理論上是有可能被自己化解的。然而，來自宇宙中的危險確是人類完全未知的，懷着惡意的外星人可能比我們的技術文明高出幾個等級，像這樣的危險很可能是人類在完全無法抗拒的，他們要消滅我們很可能比我們要踩死一只螞蟻還容易。確實，我承認這是我們的猜測，但當我們面臨一個理論上有可能化解的已知風險和一個理論上無解的，儘管是猜測的，致命的危險時，我們該選擇哪一個呢？更重要的是，對方辯友說外星文明可能為我們開出化解人類危機的良方，這不也是一個猜測嗎？（掌聲）為甚麼對方辯友只願意相信自己的善意猜測，而對我方的惡意猜測卻置之不理呢？我想告訴大家，我方的這個猜測並不是空穴來風、毫無根據的，正方一辯德雷克先生開創的SETI計劃自實施以來到現在已經整整五十年過去了，可是我們至今一無所獲，整個宇宙文明似乎處在一種被我稱為大沉默的狀態，這是不合常理的，如果宇宙中的智慧文明無處不在的話，星空中應該充滿了外星文明的電波才對。或許，之所以所有的智慧文明都採取了這樣一種沉默狀態，是出於某種人類尚不知曉的危險。如果這些聰明無比的外星文明都無一例外地選

擇了沉默，那麼我們是否也應該以他們為榜樣，觀望一下，至少在沒有找到外星人的蹤跡之前，不要主動發出自殺性的呼喊。善意的猜測哪怕對了 99 次也只是讓我們獲得 99 次的收益，但是如果惡意的猜測不幸被猜中一次的話，我們可能就再也沒有機會猜第 101 次了。謝謝大家。（長時間的熱烈掌聲）

（主持人）汪淼：謝謝布林先生。說老實話，我此刻的心情無比糾結，不知道各位觀眾是否和我一樣糾結。每當聽完正方發言，我就對宇宙充滿了期待和憧憬，而聽完反方發言，我又似乎被澆了一盆冷水，一下子就清醒了，可謂宇宙有風險，入市須謹慎啊（笑聲）。下面的自由辯論環節將是更為激烈的交鋒，正反雙方各有一名重量級的人物加入。正方三辯亞歷山大·扎伊采夫先生是俄羅斯國寶級的電波天文學家，著名的「宇宙呼喚」和「青少年信息」項目的領導者，曾經贏得前蘇聯和俄羅斯的最高科學榮譽獎章。反方三辯法蘭克·迪普勒先生，他是美國重量級的天文學家、物理學家，奧米加點理論（Omega Point）的發明者。這就讓我們進入到精彩緊張的自由辯論環節。首先由反方發言，然後必須交替發言。

（反方三辯）迪普勒：請問對方辯友，你們認為宇宙中的文明是善意的多還是惡意的多？

（正方一辯）德雷克：那你覺得這世界上是好人多還是壞人多，還用問嗎？當然是善意的多。

（反方三辯）迪普勒：這麼說來你們也就是承認惡意文明是存在的，是不是這樣？請正面回答。（掌聲）

（正方二辯）薩根：我不清楚對方對惡意的定義是甚麼，但脾氣差一點的人就一定會去殺人嗎？請問，人類把自己的眼睛蒙上，嘴巴封住，耳朵塞住，這樣就不會有危險了嗎？

（反方二辯）賴爾：所謂惡意，就是會首先攻擊對方，哪怕只有萬分之一的惡意文明存在，對地球的危險就是 100%，因為根據梅菲定律，如果事情有變壞的可能，不管這種可能性多小，它總會發生。（掌聲）

（正方二辯）薩根：請對方不要迴避問題，再問一次，蒙上眼睛上街就沒有危險了嗎？

（反方二辯）賴爾：這個比喻不恰當，正確的比喻是，一隻雞突然學會了說話，但是千萬不要四處喊叫：「我真的很好吃！」（笑聲，掌聲）

（正方一辯）德雷克：對方始終在迴避我方的問題，我方想告訴大家鴕鳥把頭埋在沙堆裡假裝看不見危險，只會死的更快。

（反方二辯）布林：我們認為危險來了，鴕鳥應該把自己全部埋在沙子裡，千萬不可露出屁股。（笑聲）現在恰恰是對方辯友認為人類不但不要埋起來，還要大聲喊叫。你們有沒有想過為甚麼宇宙處於大沉默狀態？

（正方一辯）德雷克：原因或許很多，比如我們的精度不夠，頻率不對等等。正是因為大沉默，我們才要勇敢地喊出第一聲啊。（掌聲）

（反方二辯）布林：你們知道二十二條軍規嗎：如果別人都在做同一件事情，而我在做另一件事情，那我就成了白癡。（笑聲）

（正方三辯）扎伊采夫：如果事情果真如此，SETI 的縮寫豈不應該是：Search for Extra-Terrestrial Idiots 搜索地外白癡了。（大笑，掌聲）我們五十年的 SETI 行為在你們眼裡的意義到底何在？

（反方三辯）迪普勒：我想強調，我方反對的是 METI 行為，對 SETI 並不反對。我想請問你們認為人類到底能從 METI 行動中獲得何好處？

（正方三辯）扎伊采夫：問的好！我們能從更先進的文明那裡學到知識和文明，人類在宇宙中還是個小學生，我們必須承認自己的渺小，我們必須找到老師。我倒是很想問問你們到底在怕甚麼呢？

（反方三辯）迪普勒：在我看來，你們已經遠離了科學精神，簡直就是一種宗教般的崇拜和信仰，沒有理由，沒有條件，沒有證據地相信外星人就一定像普渡眾生的耶穌一般偉大。我只想問一個問題：證據在哪裡？

（正方一辯）德雷克：我們基於的是對文明的理解和正常的邏輯推理，

我還是想請問你們到底怕的是甚麼？你們的證據又在哪裡呢？

（反方三辯）迪普勒：我們害怕的是我們所未知的東西，正因為既找不到好的證據，也找不到壞的證據，那麼最明智的做法難道不是「寧可信其有，不可信其無」嗎？

（正方一辯）德雷克：可惜啊！可惜。

（反方二辯）布林：可惜甚麼？

（正方二辯）薩根：遺憾啊！遺憾。（笑聲）

（反方二辯）布林：遺憾甚麼？

（正方二辯）薩根：遺憾的是自從人類發明電報、廣播、雷達、電視以來，來自地球的電磁波信號早就在宇宙中彌散開來了。或許用不了幾十年，就有一群外星人能收到我們今天晚上這場電視辯論賽了。對方辯友在害怕的那些東西其實早就已經發生了，你們不覺得今天收手已經晚了嗎？

（反方三辯）迪普勒：哪怕是軍用衛星所產生的電磁波，相對於宇宙這個尺度來說，能量都非常弱，恐怕還沒離開太陽系就早已經衰減成為星際噪音的級別了。這與 METI 計劃實施的大功率定向發射完全不同。

（正方三辯）扎伊采夫：請不要以我們人類的技術文明套在外星人身上，總會有比地球文明發達得多的第Ⅲ類外星文明能檢測得到的。如果這個宇宙真像對方辯友宣稱的那樣充滿了黑暗與惡意，那麼我們就應該果斷地停止一切產生電磁波的行為，包括今天這場電視辯論賽。對方辯友同意嗎？（掌聲）

（反方二辯）布林：百分之百的安全是不存在的，我方也不主張人類因為懼怕外星文明而停止正常的通訊。我們想強調的是 METI 行為將這種潛在的危險係數放大了幾萬甚至幾億倍。所以必須停止。

（正方一辯）德雷克：按照對方辯友的邏輯，反正伸頭也是一刀，縮頭也是一刀，只是時間早晚的問題（大笑），既然如此，我們還在這裡討論個甚麼呢，不如出家當和尚算了。（笑聲）

（反方三辯）迪普勒：非也非也！對方辯友邏輯完全混亂了。有些危險確實是無法避免的，近的說有小行星撞地球，超行星爆炸，遠的說有太陽的氦閃，甚至太陽的熄滅。但是人類了解這些危險遠比假裝不知道要好上千萬倍，正因為我們清楚地知道我們所面對的挑戰和危險，人類才能積極地尋找對策，為文明的延續，為生存而盡自己的一切力量。我存在，我思考，我努力，所以我自豪！（掌聲）

（主持人）汪詰：對不起，反方時間到。

（正方一辯）德雷克：人類文明自誕生以來，我們曾經面對過多少未知的恐懼？

（正方二辯）薩根：我們懼怕過打雷，懼怕過天狗吃月亮，吃太陽，我們懼怕過掃帚星，我們曾經有過數不清的未知恐懼。

（正方三辯）薩特塞夫：我們是如何戰勝這些恐懼的？

（正方一辯）德雷克：靠的是理性和勇氣！

（正方二辯）薩根：靠的是代代傳承的文明和愛。

（正方一、二、三辯）齊聲：外星同胞們，我們來了！謝謝大家！（熱烈長久的掌聲）

（主持人）汪詰：這真是一場勢均力敵、旗鼓相當的自由辯論環節，我都有點緊張的喘不過氣了。不知道坐在下面混在人類中間的外星人會怎麼認為？（笑聲）給外星人的電波，（模仿哈姆雷特）到底是發還是不發呢？這是個值得考慮的問題。最後一點時間，我們留給辯論雙方做總結陳詞。這次先請反方三辯迪普勒先生做總結陳詞。（掌聲）

（反方三辯）迪普勒：尊敬的主持人，各位觀眾，還有混在下面的外星朋友們，大家辛苦了！（笑聲，掌聲）我們聽到對方辯友在最後的時候激情

澎湃，迫不及待地要投入外星人的懷抱，比見到了失散多年的親爹還要激動。（笑聲）然而，激情無法取代理性的思考，更何況，衝動是魔鬼。在我看來，對方辯友眼中的外星同胞很可能是張着血盆大口的巨獸，正在耐心地等待着人類自投羅網。我們不否認在宇宙這片森林中，有善意的文明，但請大家千萬不要忘記在 100 杯美酒中，哪怕只有一杯是毒酒，也足以置人於死地。我們確實沒有證據證明危險來自何方，也無法拿出一個例子來證明惡意文明的存在，因為我們到目前為止確實沒有發現任何一個外星文明的存在，在這一點上我們與對方辯友立論的困境是相同的。但是，至少有一點我們是可以肯定的，那就是，我們人類沒有做好準備，相對於這個茫茫太空，我們的文明還非常的弱小。我們的宇宙飛船才剛剛只能把人送上月球，更不要說擁有任何的可用於太空作戰的武器了。很遺憾，那些在星球大戰電影中各位司空見慣的超級武器，我們其實一樣都沒有，我們甚至連理論上都不知道該如何實現這些超級武器。想想假設有一個外星文明能夠來到地球，他們的文明程度將會是我們的多少倍，與這些掌握了遠距離星際航行的外星人相比，我們就好像非洲划着獨木舟的原始人看到了現代的航空母艦，這種技術上的差距是無法用任何勇氣彌補的。在人類沒有做好準備之前，在我們自己沒能發展出遠距離星際航行的技術之前，我們應該老老實實地呆在地球家園上，仔細地聆聽來自宇宙的電波就足夠了，讓我們先找到並了解外星文明之後再做決定，不是更明智的選擇嗎？一念之差就有可能導致滅頂之災，我在此要向全世界鄭重呼籲：盡快建立國際法禁止人類愚蠢的 METI 行為，這種逞個人之快，而置整個人類於危險境地的行徑必須得到嚴厲地禁止！請評審團冷靜理智地裁決。謝謝各位觀眾。（熱烈地掌聲）

（主持人）汪詰：謝謝迪普勒先生。此時，我真為正方捏一把汗，反方已經把整個人類的安危擺到了賭桌上，這場辯論的勝負似乎決定着我們每個人的生死。請正方三辯扎伊采夫先生為我們做總結陳詞。（掌聲）

（正方三辯）扎伊采夫：謝謝主持人，（整理了一下領帶，捋了捋頭髮，輕輕一甩頭，朝鏡頭微笑了一下）尊敬的各位電視機前的觀眾，你們看我的樣子像是一個拿着人類命運做賭注的瘋子嗎？（笑聲）我們跟對方辯友一樣，同樣關心人類的命運，心中也同樣充滿着責任感和使命感，我們不是賭徒更不是劊子手。對方三辯說的沒錯，激情替代不了理性，我們需要的是嚴謹的邏輯和推理。我想請教對方辯友，你們口口聲聲說你們只需要 SETI，不需要 METI，你們理直氣壯地宣稱人類應該在宇宙叢林中保持沉默，你們不覺得這簡直是一個荒謬的悖論嗎？如果連我們自己都沒有勇氣發生聲響，又怎麼能問心無愧地指望叢林中的外星同伴們做出反應呢？既然發出聲音的都是白癡，又何談向這些白癡學習先進的知識呢？對方辯友一邊斥責所有在宇宙中發出聲音的文明是瘋狂的自殺者，一方面又期望 SETI 行動有所收穫，這有邏輯可言嗎？如果宇宙真的像對方辯友宣稱的那樣，沒有一個文明認為有向其他文明發出信號的必要，那麼實施單向搜索的 SETI 行為就注定要一無所獲，毫無意義。我方承認宇宙中或許確實存在惡意的文明，但是，坐以待斃就是最好的選擇嗎？假裝不知道就可以安全了嗎？在這些高度發達的惡意文明面前，我們不論是否實施了 METI 行動，面臨的風險係數都是一樣的。而恰恰是我們認識到宇宙叢林中有猛獸，我們才應該積極主動地尋求與鄰近文明取得聯繫，互通有無，共同對抗強大的惡意

文明。我們堅信大多數文明應該是善良而充滿愛意的，弱小的文明想要生存，唯一的出路就是聯合起來，守望相助。在這個廣漠的宇宙中，人類文明是渺小的，但我們又是如此的獨特，從第一個單細胞生物的出現至今，經過 30 幾億年的演化才誕生了今天的人類，從第一隻古猿直立身體仰望星空到今天哈勃太空望遠鏡對宇宙深處的凝視，我們就像第一次來到海邊的遠古人類，雖然大海讓我們產生未知的恐懼，但阻止不了人類勇敢地揚帆遠航，發現新大陸！謝謝大家！（熱烈地掌聲）

（主持人）汪詰：謝謝扎伊采夫先生。雙方的發言都結束了，但我卻比剛開始比賽的時候更加糾結了（笑聲）。人世間的痛苦莫過於此（笑聲）。在聽了雙方各自的觀點後，做為人類的一分子，電視機前的您又會支持哪方的觀點呢？請拿起手機，發送短信 1 支持正方，發送短信 0 支持反方，人類的命運何去何去，將由我們每個地球人自己做出選擇。

二十　電波望遠鏡的新紀元

人類的歷史終於一腳跨入了 20 世紀 80 年代，對於那些奮戰在尋找外星人第一線的科學家們來說，真的是一個好時代來臨了。

對人類來說，目前尋找外星人的最佳武器是電波望遠鏡，而兵器譜排名第一的就是中國的 FAST 電波望遠鏡。可是這種超大型的電波望遠鏡

卻有幾個缺點：第一，它不能轉動朝向，這樣就局限了它在天空中的搜尋範圍；第二，限於建造地點和施工難度限制，哪怕有足夠的錢，也很難建更大的望遠鏡。

上面這個難題經過 20 年的籌劃、設計、攻關、建設，終於在 1980 年被攻克。在美國新墨西哥州的荒原上，27 座巨大的電波天文望遠鏡排列成一個 Y 字形的陣列，這個 Y 字的每一劃都有 20 公里長，各有 9 座電波望遠鏡平均分佈在每一劃上，如果步行計算的話，走一上午才能數完其中的一劃。這個陣列的規模相當於一個可以容納幾十萬人口的中等城市，蔚為壯觀。這就是世界上著名的美國甚大天線陣（VLA），讓我們用圖片來一睹它的風采：

位於美國新墨西哥州荒原上的甚大天線陣

我們在本書開頭提到的那部科幻電影《超時空接觸》，女主角就是在這個地方接收到來自織女星系的外星人電波。

不過説起甚大天線陣的名字，我就想笑。VLA 就是 Very Large Array（好大的一堆）的簡寫，不知道為甚麼，天文學家們給電波望遠鏡取名字特別不動腦子，類似的還有 VLT，也就是 Very Large Telescope，還有 European Extremely Large Telescope（E-ELT，歐洲特別特別大的望遠鏡）等等。

電波天線陣的總接收面積越大，則靈敏度也就越高。理論上，陣列的規模幾乎可以無限增加，雖然單口徑的一些優勢是陣列無法取代的。但不管怎麼説，陣列的規模當然是越大越好。

幸運的是，這個地球上最富有的幾個人中有一個是天文迷，他就是和比爾·蓋茨一起創立了微軟公司的保羅·艾倫，這個星球上最有錢的十個人之一。艾倫一擲千金，捐了幾千萬美元，決定在加州的克拉克高原上建一個超大型的天線陣陣，這就是今天全世界最大的，以保羅·艾倫名字命名的艾倫天線陣（Allen Telescope Array，ATA），到今天為止也還沒有全部建成。全部建成後將足足有 350 口大鍋，密密麻麻地分佈在天空下，蔚為壯觀。它可以對銀河系中的 10 億顆恆星進行掃描，大大提高了發現外星文明信號的可能性。讓我們來看看它的壯觀景象：

艾倫天線陣（ATA）

美國於 2007 年底正式啟用了艾倫天線陣，它最重要的任務就是全天候監聽地外文明的無線電信號。但即便是艾倫天線陣這樣的規模在天

文學家眼裡還是太小，而且艾倫就算再有錢 —— 那是對於個人來說，資金量還是有限，要建設足夠大的電波天線陣，還得要國家才行。注意，中國要再次露臉了。由中國、澳洲、法國、德國、意大利等 20 多個國家共同投資籌劃建造的，全世界最大的電波天線陣：平方千米陣（SKA）已經正式啟動。這次全球的科學家們野心勃勃，他們計劃建造 3000 台電波望遠鏡，把它們串起來的光纜可以繞地球兩圈。在南非和澳洲各建一部分，預計在 2030 年可以投入使用 —— 我們應該還能等得到。

平方千米陣 SKA 概念圖

這個陣列一旦建成，它的接收面積可以達到 1 平方公里，可以在裡面建設 30 個鳥巢體育場。有了這個龐大的傢伙，我們應該能聽到來自宇宙最深處的呼喚。

二十一　搜尋戴森球

電波天線陣是上世紀八十年代給外星人搜尋者們的第一個禮物，它大大增強了人們接收外星文明電波的信心。很快，這個好時代又帶給了科學家們第二個禮物，外星人搜尋者們都樂開了花，尤其是那位叫做弗里曼·戴森的科學家。

還記得我們在第八節講的那個戴森球嗎？通過觀察某顆恆星的紅外輻射變化情況，就能找到外星人存在的證據。但是在 20 年前，地面上的望遠鏡分辨率實在太低，戴森他們始終感到心有餘而力不足。

這第二個禮物就是紅外線天文衛星，簡稱 IRAS。它是由美國、荷蘭、英國航天部門聯手，耗巨資打造的人類第一顆專門用於掃描宇宙中紅外輻射源的衛星，相當於一個太空中的天文台，可以 24 小時不間斷地掃描整個天空，堪稱是天文學家一件劃時代的利器。IRAS 於 1983 年 1 月 25 日成功發射升空，並於 11 月 21 日達到使用壽命，總共執行了 10 個月的太空任務。IRAS 向地球發回海量數據，它在宇宙中一共找到 50

多萬個紅外射線源，當然其中絕大多數都可以很明顯地排除是戴森球效應，這些數據直到今天還在做進一步分析，這裡面到底能不能發現具有戴森球特徵的數據目前尚不能下確切的結論。

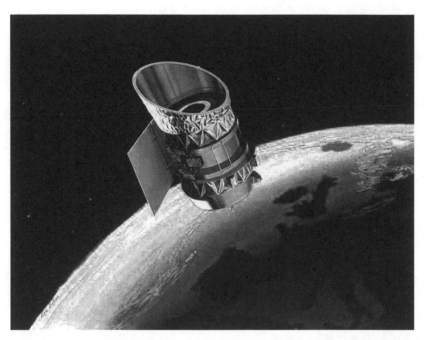

紅外線天文衛星 IRAS 效果圖

人類在尋找戴森球上的努力並沒有到 IRAS 就停止。2003 年 8 月 25 日，在 IRAS 升空 20 年後，美國航空航天局發射了史匹哲太空望遠鏡

（又名：太空紅外望遠鏡設備）。這架耗資 8 億美金的超級太空望遠鏡是 IRAS 的超強升級版，它的精度更高，工作壽命也要長得多，至今仍然在太空工作。

史匹哲太空望遠鏡效果圖

人類期待着史匹哲望遠鏡能夠帶來驚喜，但宇宙實在太大了，僅是銀河系就擁有廣漠的星際空間，即便在銀河系中真有數百顆「戴森球」，但

我們要找到它們，就相當於在撒哈拉大沙漠的上空，從飛機上拿着望遠鏡，在沙海中尋找均勻分佈的一粒粒泛着微弱紅光的沙子，其難度可想而知。除了執着和努力，我們還需要一點好運氣。

2015 年，一位業餘天文愛好者在刻卜勒太空望遠鏡拍攝的照片中，發現一顆恆星有可能在持續地變暗，這顆恆星的編號是 KIC8462852。這個發現引起以耶魯大學 Tabetha S. Boyajian 為首的幾位天文學家的興趣。他們仔細分析了刻卜勒望遠鏡的照片後，在 2015 年 9 月發表了一篇論文，指出這顆恆星存在着亮度的異常起伏，隨後又有天文學家指出，這顆恆星的亮度變化和許多小型物體以「密集隊形」繞恆星轉動的結果一致。

這些發現迅速在公眾中傳播開來，引發了天文圈的強烈關注。美國天文學家 Jason Wright 提出這很有可能就是戴森球效應造成的，此話一出，公眾的熱情瞬間被點燃。這顆恆星也被大家用發現者的名字取名為泰比星（Tabby's star），也有些媒體稱為 WTF 星或者 Boyajian 星。在這之後，全世界的許多天文台都把望遠鏡對準了這顆很特殊的恆星。直至我寫稿的 2017 年 12 月，這顆恆星已經被證實存在着亮度持續變暗的現象，在刻卜勒望遠鏡觀測的最初 1000 天裡，變暗速率是每年 0.341%，隨後的 200 天，變暗速度進一步加快，總計下降了超過 2%，但在最後的 200 天裡，亮度又幾乎不變。到了 2017 年 5 月，再次變暗，而且這次變暗的幅度達到了 3%，可以稱得上是劇烈變化了。於是泰比星的知名度瞬間飆升，一時間在各大媒體上成了天文界的頭號大新聞。

泰比星奇特的亮度變化到底有沒有可能真的是戴森球效應呢？目前還沒有結論。可能的解釋有很多，除了「人為」之外，也有可能是自然天體的遮擋，而這個自然天體既可能位於泰比星系，也有可能位於人類了解不多的外太陽系，或者是某種星際介質，當然也有可能就是某種我們未知的恆星本身的脈動現象。

不過在沒有進一步的證據表明是戴森球效應之前，我們必須保持非常謹慎的懷疑態度，畢竟「人為」是所有可能性中概率最低的。而且科學精神中最重要的一條是：非同尋常的主張需要非同尋常的證據。發現戴森球就屬於非同尋常的主張，那麼對證據的要求也就越高。泰比星還會有哪些進一步的發現呢？大家可以關注筆者的自媒體平台「科學有故事」，我會持續關注、報道。世界最大的單口徑電波望遠鏡，位於我國貴州的 FAST 也會加入到觀測泰比星的隊伍中。

二十二　馮紐曼機械人

雖然我們至今仍然沒有發現戴森球存在的證據，還差那麼一點運氣，但是科學界都不得不承認戴森的這個想法是一個很有意思的想法，如果科學家也分派別的話，那麼戴森顯然是屬於浪漫派的。

進入 80 年代以後，同樣屬於浪漫派的美國著名物理學家、宇宙學家法

蘭克‧迪普勒又提出了一個比戴森球更富有浪漫色彩的理論，用這個理論來尋找外星人，我們不但不需要望遠鏡，甚至都不需要抬頭朝天看，而是到地下去尋找。

你一定覺得這事太不可思議了，我真不是跟你開玩笑。

事情是這樣的，這個理論首先跟馮紐曼有着很大的關係，如果説我們要編制一個歷史上的著名神童錄，馮紐曼是必然在列的，他不但是個神童，也絕對是個天才，智商高得驚人。他在 1944 年開始主持設計人類歷史上最偉大的發明 —— 電子計算機（以後簡稱電腦），並在 1945 年奠定了電腦的邏輯結構設計概念[1]，一直沿用至今。今天看到的任何一部電腦、手機、ipad 等數碼設備，其運作原理仍然是馮紐曼當年設計的那套，這套工作原理簡單一點説就是二進制加五大組件。電腦的運算指令全部採用二進制，到今天也沒變；另外五大組件就是任何一部電腦都由五部分組成：運算單元、邏輯控制單元、存儲單元、輸入單元、輸出單元，這五大件到今天也沒變過，因此在有些場合，人們仍然把電腦稱為「馮紐曼機」。我之所以要花費一番筆墨把馮紐曼這個神人簡單介紹一下，原因就是要讓你相信此人不是普通人，他的遠見卓識是罕見的。

1　編按：馮紐曼在圖靈機的基礎上完善了程式指令記憶體及數據記憶體合併的電腦設計概念架構，製造出第一部電腦，稱為「馮紐曼機」。

1951 年，也就是馮紐曼提出了電腦的設計概念後 6 年，他又在數學模型上證明了，一種可以具備自我複製能力的機械人，在理論上是完全可以設計並製造出來的。馮紐曼認為這個證明是自己非常重要的成就，就如設計電腦的五大組件一樣，他也提出了這種會自我複製的機械人的構成部分：建造機構和建造程序。建造機構可以自動尋找合適的材料，然後把材料變成各種所需零件，這當然是超級複雜，可能多達幾十億種零件；然後這些零件在建造程序的指揮下，被組裝成跟自己一模一樣的機械人；最後一步就是把這套建造程序再「拷貝」到機械人中，這樣就完成了一個自我複製過程，就跟病毒差不多。

這種會自我複製的機械人被迪普勒稱為「馮紐曼機械人」。

當然，以人類目前所掌握的技術，離製造這種機械人還差着十萬八千里，但從理論上來說，它是完全有可能被製造出來的。上世紀 80 年代，迪普勒正式在他的論文中清晰表述了他的觀點，他充分相信一個高度發展的智慧文明必然會想辦法設計製造馮紐曼機械人，因為機械人在探索外太空方面有着比生物體更多的優勢。它們不需要空氣，生存的溫度範圍很大，不怕輻射，不需要龐大的生命維持系統。對它們來說，最重要的東西是能量，而能量在太空中很容易從恆星發出的光芒中獲取，可以說，宇宙空間中是充滿着能量的。馮紐曼機械人在宇宙中就好像魚兒在海洋中一樣自由自在。而且以馮紐曼機械人的實力，再自己建造個飛船甚麼的，就更不在話下了。

迪普勒説，只要建造出第一部馮紐曼機械人，把他發射出去，那麼剩下的事情就不需要管了，它們會自己不斷繁衍和擴張，而建造他們的文明只需要舒舒服服在家裡等待他們發回的報告即可。更有意思的是，迪普勒做了一個計算，他假定每個馮紐曼機械人在找到合適的恆星系後，再複製兩個自己和兩艘飛船，然後這三個機械人再一起向新的恆星系探索，那麼只要經過 36 代的繁衍，整個銀河系就是他們的了。並且這時候就到了最關鍵的時刻，不可以再繁衍第 37 代了，否則整個銀河系中的重金屬都會被他們「吃」光，因此在馮紐曼機械人的程序中必須要設定一種「絕育」程序，在第 36 代機械人被建造出來的時候，所有的機械人都將「揮刀自宮」。

馮紐曼機械人在銀河系中的擴張速度完全取決於飛船的巡航速度，這是因為星際空間的巨大，複製自己所需要的時間可以忽略不計。如果飛船的巡航速度能達到光速的十分之一，那麼只需要 300 萬年，整個銀河系就是他們的天下了，每一顆恆星系中都會留下他們的足跡。如果飛船再慢一點，達到光速的千分之一，這個速度不算快，以人類目前掌握的技術在理論上就有望達到，那麼也只需要 1 億年，銀河系中就爬滿了這種機械人，而 1 億年與銀河系大約 130 億年的壽命相比，真不算甚麼。

最近這幾年隨着人工智能的興盛，馮紐曼機械人又出現了另外一種翻版，很多科學家相信最終有一天人類可以把自己的思想植入到電腦中，人類不再需要生物體的軀殼，而直接活在由矽、金屬和電流交織成的

集成電路中，就好像變形金剛一樣。這些科學家相信，總有一天，人類中有一個分支將會成為變形金剛，他們繼承了人類的思想和文化，又有一個不死之身，他們會在廣袤的星際空間中征伐、殖民。變形金剛是馮紐曼機械人的一個升級版，雖然很科幻，但宇宙中沒有哪一條物理規律禁止這樣的事情發生。其實科學幻想之所以能稱為科學幻想，最重要的一條就是不違背物理規律，歷史上很多當時被人們認為是異想天開的科學幻想今天都能成了真。因此馮紐曼機械人和變形金剛在全世界有着眾多的信徒，難說這一天不會到來，或許比我們想像的還要快。

如果我們相信上述這一切，尋找高度發達的外星文明存在的證據，就無需去宇宙空間中，在地球 45 億年的歷史中，完全有可能曾經是馮紐曼機械人的原料採集地。我們只需要在地層中探測某一個區域的重金屬含量，如果明顯低於平均水平的話，很有可能就是當年被「變形金剛」們挖去建造飛船了。同樣的理論也可以應用到月球或者太陽系中其他行星和小行星上。總之如果哪一天我們真的發現重金屬含量異常的話，用馮紐曼機械人的理論來解釋，或許是一種最方便的解釋。

世界上有一些地外文明搜尋機構致力於用這種方法來尋找外星文明的遺跡，但至今尚未出現讓世人信服的證據。

二十三　解剖外星人鬧劇

就在天文學家們天上地下尋找外星人的一片熱鬧中，時間悄然滑進了
90 年代。一個嶄新的時代到來，天文學家們終於等到了一個重量級的
武器 —— 哈勃太空望遠鏡。這架多災多難的太空望遠鏡經歷了無數的
劫難，花掉了美國納稅人 25 億美金之後，終於在 1990 年發射升空。但
升空後又差一點成為一個太空垃圾，哈勃的主鏡片被證實有 2 微米的
誤差，雖然這僅僅是一根頭髮直徑的百分之一，但足以讓哈勃患上「近
視眼」，還不如地面上的望遠鏡看得清楚。一直到 1993 年，NASA 終
於通過給哈勃帶上一副「近視眼鏡」挽回了面子，也終於沒有讓美國納
稅人近 30 億美金的付出打了水漂。

哈勃望遠鏡成為整個 90 年代到 21 世紀初的天文學主角，它讓我們對
宇宙的認識達到了一個全新的高度，對尋找外星人癡迷的科學家們當
然不會放過哈勃這個超級武器，正當他們信心滿滿地要用哈勃做出重
大發現的時候，一盤錄像帶的出現卻差一點兒就讓人們忘記了哈勃望
遠鏡，忘記了尋找外星人的正途在哪兒。

1995 年 8 月，英國一家電視台收到一盒神秘錄影帶，當錄影帶上的畫
面播放出來時所有看到的人都震驚了，這是一盒長達 90 分鐘的「解剖
外星人」片段。然後各路專家出馬，通過畫面中的一些細節，專家們
認定這就是當年羅茲威爾事件中的外星人。這下讓電視台高興得簡直

要瘋掉了，這是天上掉下來的禮物啊。他們也不再去追問這盒錄影帶
的來源，迅速地就開始組織貨源，賣給全世界的電視台。當年全世界
有 44 個國家的電視台播放了這段錄像，全球的飛碟愛好者們就像過節
一樣慶祝這個史無前例的大發現，羅茲威爾外星人到底有沒有的疑問
終於真相大白。這段名為「解剖外星人」的影像現在很容易就在網上搜
到，你要是沒看過現在就可以到網上搜一下看看。

這盒錄影帶在全世界引起了巨大的**轟動**，無數人相信外星人存在的鐵
證終於出現，在全世界掀起的外星人熱潮中，由韋史密夫主演的荷里活
鉅片《天煞 ── 地球反擊戰》開拍。這是一部講述美國空軍痛打外星人
的商業大製作，主要情節就是建立在羅茲威爾事件上。這部影片 1996
年公映，那一年我是上海理工大學外語學院大一新生，看得是熱血沸
騰，在一年之內至少重複看了 4 遍，背裡面的台詞，學著總統演講：

「We will not go quietly into the night!」
「We will not vanish without a fight!」
「We're going to live on!」
「We're going to survive!」
「Today, we celebrate our Independence Day!」

這些台詞到今天我都還記得清清楚楚。雖然從今天的眼光來看，這部
影片有很多硬傷，幻想的成份太重，但是有些電影就是為了娛樂，讓我
們感到快樂的電影就是好電影。

《天煞 —— 地球反擊戰》已經在全球掀起了一股前所未有的探索外星人的高潮，緊接着的翌年，1997 年又一部荷里活鉅作，由茱迪科士打主演的《超時空接觸》公映，就是本書前言中描述的那部影片，更是將公眾對外星文明的熱情推向了新的高度。這部電影在科學性上和《天煞 —— 地球反擊戰》不可同日而語了，《超時空接觸》是根據卡爾薩根的科幻小說 *Contact* 改編，有很強的科學性，嚴肅探討人類文明與外星文明接觸的可能性，絕對是一部科幻、科普的佳作。

其實那盒解剖外星人的錄影帶漏洞百出，很容易被識破，但是整整 11 年過去，要不是一個執着的英國人終於找到了這盒錄影帶的始作俑者，總還是有很多人寧願相信這是真的。那個執着的英國人叫做曼特爾，他用了 10 多年的時間追查錄像帶的來源，終於找到了這盒錄影帶的製作人，英國電視圈的名人哈姆費雷斯。他本人後來也承認了確實是自己所為，並且親自出面詳細介紹了這盒錄影帶的製作過程，包括請了哪些人來當演員，外星人是怎麼製作出來的，他們怎麼用雞內臟充當外星人內臟等。

那麼羅茲威爾事件的真相又是甚麼呢？我只能告訴大家這件事情有真相，但如果你不相信，那麼對你而言，就永遠沒有真相。2003 年 6 月，羅茲威爾事件 56 年後，大批的軍方檔案過了保密期，於是當年羅茲威爾事件的原始檔案逐漸被解封，從這整整 11 箱的羅茲威爾事件檔案以及過去的幾十年中的各種調查報告，事件的真相逐漸浮出水面，事情的原委基本上是這樣的：1947 年，正值美蘇冷戰時期，兩國都頻頻進行

核試驗。為了有效地探測蘇聯的核試驗，美國軍方有一項計劃，代號莫古爾，這是一項屬於軍方絕密的 A 級計劃。莫古爾計劃其實就是利用高空氣象氣球來探測核爆產生的低頻波，從而探知核爆的各項指標參數，根據設計要求，氣球下方要懸掛各種標靶物。這些標靶一般都由軍方委託玩具廠商製作，其中有些為了實驗的需要，是用橡膠製成的人形標靶。一隻探測氣球墜毀在羅茲威爾，氣球上的設備和幾個假人散落一地，軍方趕到迅速回收。就是這樣，完了。

但經過這麼長時間，羅茲威爾事件和美國軍方已經落入了「面壁者效應」中。看過小說《三體》的人都知道，一旦某個人被指定為「面壁者」，那麼這個人永遠就不可能再通過自己的努力恢復為正常人，因為他此後所作的行為都可以被認為是在「裝」，他說的任何話都可以被認為是在蓄意的欺騙。從這個意義上說，羅茲威爾事件已經永遠不可能有所有人認可的真相了，因為美國政府已經被一部分人定性為類似「面壁者」一樣的「說謊者」，那麼不論他們將來是繼續否認羅茲威爾掉下了外星人也好還是承認掉下來的的確是外星人，都只能讓一部分人相信，其餘的一部分人仍然可以繼續保有自己的信念。

二十四　劃時代的發現

羅茲威爾事件只能算是我們外星人搜尋史話中的「野史」，還是讓我們

回到「正史」上來吧，真正的科學史一定是由科學家們創造的。

1995 年終於來了，世界上的天文迷們為這一年等待了幾十年，它注定要成為外星人搜尋歷史上最重要的年份之一。以至於很多年以後，人們還在津津樂道地談論這一年的天文發現。這一年，在尋找太陽系外行星的事業上有了重大的進展。

我們先來回顧一下本書第七節講到的以「天體測量法」尋找系外行星的內容，雖然我們無法在望遠鏡中直接看到系外行星，但是我們可以通過觀測恆星有規律的「抖動」來推測這顆恆星被一顆行星環繞。但這個方法是典型的知易行難，我打過一個比喻，這就好像是坐在遊樂場的「咖啡杯」裡面觀察遠在幾公里外一盞小小的燈泡的微弱抖動。

但「天體測量法」卻有着開創性意義，它為天文學家們打開了一個嶄新的思路。在這個基礎上，天文學家們又發展了一種被稱為「視向速度法」的觀測方法。

我們已經知道恆星周圍如果有行星，那麼這顆恆星就會圍繞它們的共同質心旋轉。現在想像一下你站在一個很大的廣場上，遠遠的有一個人在原地兜圈子，從你的角度望過去，你會發現這個人時而遠離你，時而靠近你，我們把他相對於你視線方向的速度稱為「視向速度」。假設一顆恆星做着圓周運動，那麼如果我們用視向速度作為 Y 軸，用時間作為 X 軸，那麼畫出來圖來就會是像下面這樣的一個正弦曲線：

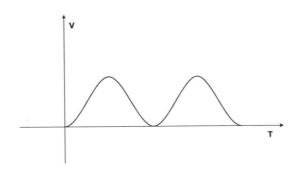

恆星的視向速度是正弦曲線

但是知道這個曲線有甚麼用呢？既然第一個辦法都無法觀測到抖動，難道還有辦法測量出視向速度不成？別急，所以說科學家就是聰明，他們總是能想到一些我們想不到的東西。首先你回想一下，你有沒有站在鐵路邊上看火車疾馳而過的經驗？當一列火車從遠處駛來，發出鳴叫時，你會聽到鳴叫聲的音調會升高，然後從你身邊駛過後，又會降低（注意我這裡說的是音調，不是音量）。這是因為聲音是一種波，當波源向你飛速靠近時，它的頻率會變高，反之則變低，這個現象以它的發現者名字命名，叫做多普勒效應。如果恆星也能像火車一樣發出鳴叫聲，那就好辦了，我們只要豎起耳朵聽一下音調的變化就大致知道了恆星的速度變化。但遺憾的是，這該死的恆星它不會叫啊。幸好，恆星會發出很強烈的光，光也是一種波，同樣會產生多普勒效應，當一顆恆星跟你之間有視向速度時，光波的頻率就會忽而變高，忽而變低。光的不同頻率對應着光的不同顏色，就像彩虹，一邊是紅色，一邊是藍色，

當光的頻率變低時，顏色就會朝着紅色端移動，我們稱為多普勒紅移現象；反之就朝着藍色端移動，稱為多普勒藍移現象。現在假設一顆恆星有視向速度，我們就可以用靈敏的光譜儀來檢測多普勒效應，如果我們發現這顆恆星的光頻率變化恰好符合上面的正弦曲線圖，那麼我們就可以推斷出這顆恆星在原地兜圈子，那恆星為什會原地兜圈子呢？想來想去，除了用它周圍有一顆行星圍繞着旋轉以外，想不出第二個解釋了。因此，只要找到了產生視向速度的恆星，也就相當於找到了行星存在的證據。

這個方法真是一個令人拍案叫絕的方法，他絕就絕在把人類現有的技術條件所能達到的觀測精度大大提高了，因為光譜儀的精度要遠遠高於檢測照片上恆星的位移精度，而且最妙的是光譜的變化幾乎不受地球自轉和公轉的影響，也不受大氣的干擾，這簡直就是天賜的禮物啊。

視向速度法一經發明後，很快就迎來了激動人心的發現。1988 年，加拿大天文學家布魯斯·坎貝爾等人宣佈，利用視向速度法，發現仙王座 γ 星擁有行星。但沒過多久，布魯斯自己開始懷疑起自己的發現了，因為他的硬件設備不怎麼靈，觀測精度有點糙，而且來自圈內的質疑聲又不斷，所以，這個可憐的天文學家在巨大的壓力面前不得不宣稱說對自己的發現結果尚有所保留，還在繼續確認當中，這一確認就再沒下文了，他就這樣生生地丟掉了第一個發現系外行星的桂冠。因為到了 2003 年，別的天文學家用更強悍的硬件設備證實了仙王座 γ 星確實有行星環繞，但這時候大家幾乎已經把布魯斯當年的工作都忘掉了，實在

太多年過去了，天文學界已經發生翻天覆地的變化了。

真正具有里程碑意義的歷史性發現是 1995 年 10 月 6 日，瑞士天文學家米歇爾・麥耶及戴狄爾・魁若茲宣佈發現了一顆圍繞飛馬座 51 的行星，這一天現在基本上被公認為人類發現系外行星的開端。

這兩個瑞士人是幸運的。雖然尋找系外行星的工作是極其枯燥的，但他們數年的辛勤得到了回報。

然而與此形成鮮明對比的是兩個悲情的美國天文學家，馬西和巴特勒。這倆老哥在加州擁有當時世界上最先進的設備，為了尋找系外行星已經付出了 11 年的努力，雖然他們確信利用視向速度法肯定能找到系外行星，但一直未能如願，不過他們始終不拋棄不放棄。1995 年的一天早上，他們還沒睡醒，就聽說了兩個瑞士人宣佈發現了飛馬座 51 星有行星環繞。這倆人大吃一驚，並且露出了不相信的表情，馬西對巴特勒說：「該死的，這不可能，我們對飛馬座 51 星有一抽屜的觀測資料，要是有行星我們早就應該發現了！」於是兩個人立即開始重新分析那一抽屜的觀測資料，結果無奈地證實這兩個瑞士人是對的。這裡面的關鍵在於飛馬座 51 這顆行星的公轉周期只有 4 天，而馬西他們一直以為周期會是 10 年左右，誰能想到居然有一顆行星 4 天就繞恆星轉一周，這得是多麼驚人的速度。因此他們倆忽略了 4 天波動一次的數據，就這樣錯過了可能會影響他們一生的發現，第一個發現系外行星的桂冠就這樣幸運地落在了那兩個瑞士人的頭上，這讓馬西和巴特勒無比胸悶。

不過，遺憾的是，在更靈敏的儀器發明之前，利用視向速度法發現的行星都不可能允許生命的發生，因為限於目前的技術所能達到的精度，視向速度法只能觀測到巨大的類似木星這樣的氣態行星對恆星引起的抖動，不但要個頭大，還得離宿主恆星比較近，只有這樣引起的恆星抖動才足夠大到能被光譜儀捕捉到。而像地球這樣小巧的類地行星由於質量相較恆星來說實在太小，它引起的抖動還無法被捕捉到。因此，想要發現允許生命存在的類似地球這樣的系外行星，利用視向速度法目前還是不可能的。

但不管怎麼說，1995 年絕對是一個可以載入史冊的年份。過去人們總說太陽只不過是宇宙中很普通的一顆恆星，地球只不過是繞着這顆普通恆星運轉的一顆普通行星，但說歸說，沒有證據啊。像德雷克、卡爾·薩根這些老一輩的外星人癡迷者之所以對外星人的存在深信不疑，也都是基於這個「平凡理論」，恆星很普遍，太陽很平凡，行星很普遍，地球很平凡。在第一顆太陽系外行星發現之前，「平凡理論」只能是一種主觀合理判斷，但並不能成為一個「觀測事實」。在飛馬座 51 行星被瑞士人發現之後，全世界的天文學家再沒有人懷疑我們這個宇宙中除了遍佈恆星外，也遍佈着「行星」。

這裡介紹一下系外行星命名的小貼士。天文學界一般把某一顆恆星系中發現的第一顆行星命名為「恆星名 b」，第二顆就是「恆星名 c」，以此類推。所以第一顆被確認的系外行星就是「飛馬座 51b」。

飛馬座 51b 星激勵和鼓舞了全世界熱衷於尋找太陽系外行星的天文學家們。很快，第 2 顆、第 3 顆⋯⋯被不斷地發現，人們已經無法滿足於僅僅找到巨大的氣態行星，新的一場競賽已經開始，就是看誰能第一個發現類地行星（固態行星）。天文學家們都明白，大家擁有的設備都差不多，觀測精度誰也不比誰強到哪裡去，這場競賽的關鍵在於方法和理論的創新，要靠理論指導實踐。

觀測理論的突破終於在 20 世紀的最後一年到來。

二十五　神奇的行星凌日

在第一顆系外行星被發現 4 年後的 1999 年，好運氣落到美國加州理工學院的天文學家戴維・沙博諾身上。有一天他開始對一顆叫做 HD209458 的恆星感興趣，這顆恆星不久前在視向速度法下被發現它有行星圍繞。沙博諾利用哈勃望遠鏡對這顆恆星的亮度進行了觀測並記錄，結果神奇的一幕發生了。讓我們來看看哈勃記錄到了甚麼：（參見下頁圖）

這顆恆星的亮度每隔 7 天會減弱一次，亮度會丟失 1.5%，每次持續幾個小時，非常有規律。這個發現意義重大，那真是有點一語驚醒夢中人的感覺。天文學家馬上就意識到引起這個亮度有規律變化的原因又是

HD209458 亮度曲線

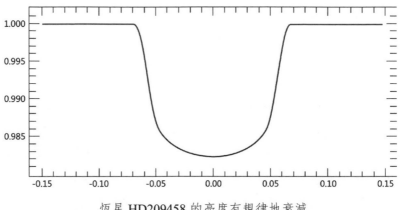

恆星 HD209458 的亮度有規律地衰減

一個天賜的禮物，為甚麼會變化呢？其實很簡單，從我們觀察者的角度看過去，圍繞着這顆恆星旋轉的行星每隔 7 天從恆星表面經過一次，這種天文現象我們稱為「行星凌日」，這在太陽系經常發生，比如說日食其實就是月球凌日，從我們觀察者的角度看過去，月亮擋住了太陽，所以太陽會驟然變暗。

用這個辦法尋找行星是具有劃時代意義的，因為要觀測恆星的亮度變化比觀測多普勒效應要「容易」，準確地說是精度更高。這個精度足以讓我們發現質量較小，離恆星較遠的類地行星。通過恆星亮度衰減的多少以及凌日的時間等數據（再配合視向速度法測量的數據），我們還能夠比較精確地計算出這顆行星的質量、體積、軌道周期、距離恆星多遠等數據。

131

不過，雖然精度是夠了，要尋找到類地行星仍然是相當不易。首先，一顆行星要能被觀測到凌日現象的產生，它的運行軌道必須和地球在一個平面上，如果地球是處在「俯視」的位置上，那麼就永遠不可能觀察到凌日現象，而系外行星與地球處於同一軌道平面的幾率只有大約 1%。

然後一顆較小的類地行星的公轉周期往往要長達數年，這裡面就有一個邏輯嚴謹性問題，如果你第一次觀察到恆星的亮度變化，這還不足以證明有行星凌日，可能會有其他偶然因素干擾，比如一顆太陽系內的小行星擋住了被觀測的恆星等等。當第二次觀察到恆星亮度變化，也還不能確保是行星凌日，只有當行星再次經過，並和前兩次相同的間隔時間，第三次被觀察到恆星的亮度變化，而且亮度變化的幅度和持續時間都和前兩次相同時，才算是明確的證據。

最後還得有點好運氣，行星凌日的時間必須得是晚上（太空望遠鏡不受限制），天文學家也是屬於那種幹着晝伏夜出工作的人群。因為系外行星的公轉周期不可能恰好是 24 小時的整倍數，所以很有可能第一次凌日發生在晚上，第二次就發生在白天了，那麼就又得多等一個周期，所以你看看，天文學家得是多麼有耐心的一群人啊。

行星凌日法終於在理論上允許人類通過望遠鏡發現太陽系以外的類地行星了，有了這個強大的理論，天文學家普遍認為找到第一顆類地行星僅僅是時間問題，沒有任何懸念。這又是一場新的競賽，就像當年瑞士人第一個發行系外行星一樣，要在這場競賽中獲得勝利，除了要有強大

的毅力和耐心外，還需要運氣女神的垂青。本以為系外類地行星發現的激動日子很快就會到來，沒想到這一等就是 5、6 年。

在等待第一顆系外類地行星被發現的日子中，美國加州伯克利大學的一幫年輕人為尋找外星人的事業做出了一個奇特的貢獻。

二十六　SETI@Home 計劃

進入到 20 世紀 80 年代以後，天文學家們慢慢意識到一個嚴重的問題，那就是搜尋外星人電磁波信號的最大瓶頸居然還不是電波望遠鏡，而是「耳朵」不夠用，此話怎講呢？現代大型的電波天線陣都是自動化探測，電影中的那種幾個人拿着耳機轉着旋鈕的方式畢竟是為了劇情需要，靠耳朵去聽是絕對聽不過來的。真實的探測是對天空進行掃描，動不動就是掃描幾百萬個頻率，然後把海量的數據記錄下來，分析人員利用電腦對其進行分析，從中尋找有可能是非自然產生的脈衝記錄，比如說三連波訊號（即連續三個等間距的突波）等等。但是這些數據量極其龐大，光是阿雷西博一台望遠鏡每天產生的數據就有多於 300G。處理這麼龐大的數據，電腦的 CPU 就根本不夠用了。

美國加州伯克利大學一幫年輕人想到了一個絕妙的主意，來解決這個缺少 CPU 的問題，而且還不用花錢。他們想到，全世界有無數人對搜

尋外星文明感興趣，這些人中大多數都擁有個人電腦，而且電腦總是有空閒的時候，何不利用這龐大的空閒資源來幫助 SETI 組織分析電磁波信號呢？這些年輕人想到了馬上就動手，設計出了一個螢幕保護裝置程式，啟動時會自動從服務器上取一份電磁波信號數據（主要是來自阿雷西博的數據），分析完以後就傳回服務器，然後再取一份下來繼續分析，因為這是一個螢幕保護裝置程序，所以並不會影響工作。伯克利大學的這群年輕人把這個計劃取名為 SETI@Home，非常形象，就是坐在家中搜尋外星人的意思。1999 年 5 月 17 日，SETI@Home 計劃的伺服器正式啟用，全世界天文迷們蜂擁而至，熱情之高超出預料，伺服器差點被擠爆。無數人幻想着自己能成為第一個發現外星文明信號的那個人，雖然這個概率比中百萬大獎的彩票低多了，但夢想總是要有的，萬一實現了呢。最重要的是，這個程序設計得非常酷，在作為螢幕保護時也絕對能讓人眼前一亮，我們來看看它運行時的界面：

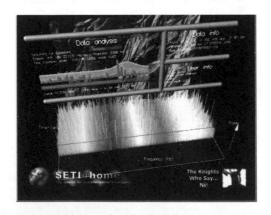

SETI@Home 程序運行時的界面

如果你也想加入搜尋外星文明的隊伍，現在就可以登入 http://setiat home.berkeley.edu/ 這個網頁，下載這個程序，或許你將成為第一個發現外星文明信號的人。SETI@Home 是迄今為止最成功的大規模分佈式計算的應用項目，這 10 多年來，已經有上千萬用戶安裝過該程序，並且累積了幾百萬年的 CPU 計算時間，累積運算量已經遠遠超過了全世界的大型計算機能夠達到的工作時間的總和，這是一個了不起的發明。不過遺憾的是迄今為止仍然沒有收穫，2011 年 5 月份還曾一度因為資金問題被迫關閉伺服器，好在各界人士奔走呼告，重新募集捐贈，使得這個項目能夠繼續下去，不過整個 SETI 計劃的經費來源已經越來越緊張，最主要的經費來源是美國國家科學基金會和美國政府，每次遇到經濟不景氣的時候，基金會和政府預算中首先被砍的就是這部分資金。現在這個項目已經升級為了一個更廣泛的分佈式計算的項目，稱之為 BOINC，除了 SETI 項目，在這個分佈式計算平台上還有幾十個非常有趣的項目，例如尋找大質數，分析歐洲核子中心大型強子對撞機產生的數據，尋找脈衝星，甚至破譯二戰時期截獲的密電等等，大家可以搜索關鍵詞 BOINC 找到官網下載軟件參與全世界最前沿的科學研究，貢獻你的電腦閒置時間。

SETI 計劃現在遭遇資金危機的一個最重要原因，是這 60 年來的努力全部無功而返，唯一的成果似乎只有那個 72 秒的 Wow 信號，換了任何一個普通人一想到花了幾千億美元就只收穫了這麼一個信號的話，我想多半也會喊出一聲 WOW 來。

但是我堅信 SETI 計劃是不會停止的，人類對宇宙深處的好奇將驅使着我們尋找真相。中國將接過 SETI 計劃的接力棒，FAST 望遠鏡已經投入工作，SKA 大型電波天線陣在不久的將來也會投入工作，SETI 計劃在中國人的參與下，必然會掀起一陣新的高潮。

二十七　搜尋外星人國際公約

早在 1974 年，德雷克就主持了人類歷史上的首次 METI 行動，利用阿雷西博電波望遠鏡發射阿雷西博信息。在阿雷西博之後，全世界越來越多科學家站出來質疑和反對人類的這種行為。但是作為反方，一直也沒有取得決定性的勝利，依然有很多知名的科學家熱衷於 METI。

人類在 1999 年、2001 年和 2003 年還有三次大規模的 METI 行動，這三次行動分別叫做「宇宙呼喚 1（Cosmic Call 1）」（俄羅斯）、「青少年信息（Teen Age Message）」（俄羅斯）、「宇宙呼喚 2（Cosmic Call 2）」（美國、俄羅斯、加拿大聯合發起），這三次發射的目標離地球都要近得多，分佈在 32 光年和 69 光年之內一些人類認為最有可能有外星人存在的恆星系。最先抵達目標的一個信息是「宇宙呼喚 2」中一個發往仙后座 Hip 4872 恆星的信息，抵達時間是 2036 年 4 月份。如果那個恆星系真的有文明存在，且文明程度到達了能接收電磁波信號的程度，那麼最快在 2068 年我們能收到回覆。我掐指一算，還有希望活到那天（90 歲），

為了迎接那天的到來，我一定要努力活下去的。

這三次 METI 行動把站在反對陣營的科學家們都激怒了，很快，在 METI 的支持者和反對者之間開展了激烈的全球性大辯論，辯論雙方異常火爆，紛紛著書立說，這場辯論逐漸從純學術性的討論發展成為事關人類文明生死攸關的大思考，從科學的領域開始向文學、政治、哲學、宗教等領域擴散。越來越多名人加入這場論戰，比如霍金也是一個堅定的 METI 反對者。慢慢地，反對方的意見越來越得到國際社會的認可。

在這種背景下，2005 年 3 月在聖馬力諾共和國召開了第六屆宇宙太空和生命探測國際討論會，這次會議重點討論了 METI 行為到底會給人類帶來何種危險。各方觀點激烈交鋒，其激烈程度不亞於我上一節虛構的那場辯論賽。最後，一個叫做伊凡・艾爾瑪（Iván Almár）的科學家提出了一個觀點取得了較為廣泛的認同。

艾爾瑪認為正反兩方的觀點都有點極端，在地球上的電磁波發射行為不能全都劃上等號，不同的發射行為給地球帶來的危險程度是不一樣的，我們首先要把不同的發射行為的危險程度量化出來，再加以討論哪些行為應該禁止，哪些行為可以謹慎為之。然後艾爾瑪展示了他的工作成果，一份評估信號發射和危險係數的對照表，這就是著名的聖馬力諾標度（The San Marino Scale），作為評估人類有目的地向可能存在的地外文明發射信號，這種行為將會導致的危險程度的試用指標。

聖馬力諾標度（SMI）主要基於兩項參數的考慮：所發射信號的強度（I）和特徵（C）。

信號強度（I）	I 數值	信號特徵（C）	C 數值
ISOL（太陽背景輻射強度）	0		
~10*ISOL	1	不含有任何內容的信號（如星際雷達信號）	1
~100* ISOL	2	以發射給外星文明，且以被其接收為目的的穩定非定位信號	2
~1000* ISOL	3	為引起地外文明的天文學家注意，在預設時間向定位的單顆或多顆恆星發射的專門信號	3
~10000 *ISOL	4	向地外文明發射的連續寬頻信號	4
≥100000 *ISOL	5	對來自地外文明的信號進行回應（如果他們仍然不知道我們的存在）	5

通過這種方式，從地球傳送向其他星體的信號，所產生的 25 種可能結果，其危險程度可量化為 10 個等級：

評估等級	10	9	8	7	6	5	4	3	2	1
潛在危險	極端	顯著	很高	高	偏高	中	偏低	低微	低	無

聖馬力諾標度使用的數學模型，與 1997 年由行星天文學家理查德·賓澤爾（Richard P. Binzel）提出的都靈標度（The Torino Scale，又稱都靈危險係數）類似，都靈標度是試圖對小行星和彗星對地球造成的危險程度進行量化分級的一項指標。而這兩種標度之所以採用相同的數學方法，是因為在科學人士看來，人類所發射的信號被地外文明接收到，與小行星和彗星撞擊地球，二者同樣屬於極端低概率的事件，是類似的。

如果在這份危險係數的量化表上科學界能取得共識，那麼再爭論起問題來，就會比較有基礎，避免陷入各種空對空的純辯論當中，現在整個科學界對這份標度的認同度正逐漸提升，對於 METI 行為，人類正在逐步地取得共識。從上面兩個表我們可以看到，如果有一天我們的 SETI 取得成果，確定收到外星文明的信號，那麼對這個信號的回應將是極端危險的行為，因為我們的回應行為將直接導致地球在宇宙中的精確位置暴露給外星文明，這會把我們陷入到極其被動的局面，換句話說，對方在暗處，我們在明處，那麼主動權就完全掌握在外星人的手中了。

於是在一些天文學家的共同努力下，國際航空學會搞出了一份國際公約，號召所有從事地外文明探索的組織和個人能夠遵守這份公約，當然，這份公約目前尚不具備強制性的法律效力。

尋找地球以外智慧生命國際公約

我們是尋找地球以外智慧生命的研究團體和個人。

我們認為尋找地球以外的智慧生命是人類進行空間探索的重要組成部分，同時也是維護人類和平、滿足人類求知欲必不可少的科研項目。在深知獲得其他智慧生命信息的可能性較小的情況下，我們仍然被這個激動人心的課題牽引着努力前行。

參照人類開發外層空間，包括月球及其他天體的國際公約，考慮到早期探測的可能有的不周密性或不確定性，所以要儘量確保尋找地球以外智慧生命的高度科學性及確實可信性。我們同意對有關探測到的地球以外智慧生命的資料不加任何推測，堅決遵守下列條約：

1. 任何國家、集體、個人的研究所或者政府機構，認為探測到地球以外智慧生命存在的依據後，一定要從多個方面證明確實是其他星球的人工信息，而不是自然現象或者地球上人類造成的結果。在沒有確認前，不允許做任何公開宣傳。如果不能確認是地球以外的人工信息，那麼發現者不可以將其推測為任何不可知的現象；

2. 發現者自己確信可能接收到了地球以外智慧文明的信號或者現象後，應盡快告之從事此項研究的其他觀測團隊或參與者，讓他們在各自觀測地單獨進行觀測，這樣便形成一個監測這個特殊信號或者現象的監測網。在沒有確認前，任何人不得公開此消息；

3. 上述監測網確認已發現地球以外智慧生命後，發現者將此報告給國際天文學會的天文報道中心，通過他們報告給全世界各個國家的科研人員。發現者同時將有關發現的確切數據及記錄告知下述機構：

140

國際電信聯合會、國際科學學會的空間探測分會、國際宇航聯合會、國際航空學會、國際空間理論研究所、國際天文學會 51 組和國際無線電科學學會的 J 組；

4. 將確認發現地球以外智慧生命的事實不加任何推測，迅速、準確地利用新聞媒介做公開報道。發現者享有首先報告此項發現的優先權；

5. 所有關於探測的數據應盡可能地以公共媒介、會議、討論等形式向國際科學界公開；

6. 有關確認及檢測地球以外智慧生命存在的證據一定要長期保存。以便將來可以做進一步分析、解釋。這些資料可供上述國際組織及科研人員在今後的工作中研究參考；

7. 如果探測到的信息是無線電信號，此公約的遵守者們可以申請國際無線電聯合會批準保護此頻率的信號；

8. 未徵得國際組織研究批準前，不允許發任何信號或者信息給那個地球以外的智慧生命；

9. 國際航空學會的尋找地球以外智慧生命學會與國際天文學會一起，將研究制定繼續探測地球以外智慧生命計劃及處理後續接收數據方法。並負責成立一個由科學家及專家組成的專門國際組織，來分析收集的所有資料，解答公眾的提問。為確保該組織能夠在將來的任一時間迅速建立起來，國際航空學會負責創建並保存一份上述各組織中適合加入新建組織的人員，以及其他有此項專長的個人名單。國際航空學會將每年向所有遵守此公約的團體及個人或國家機構宣佈一次這份名單。

二十八 「他們」來了

宇宙如此之大，太陽連一顆塵埃也算不上，更不用說小小的地球了。在太陽系以外，必然存在類地行星，也就是類似地球這樣的行星，這已經是上個世紀天文學家的共識，只是還缺乏一個直接證據。進入 21 世紀後，證據終於出現了。

早在 1998 年，就有一顆叫「格利澤 876」的紅矮星引起人們極大的興趣，因為兩個獨立的研究小組在這個恆星系中發現了行星，當然，限於當時的條件，我們只能找到那種巨大的熱木星，所以這顆行星是一顆比木星還要重 2.3 倍的氣態行星。到了 2001 年 4 月，在這個恆星系中又發現了一顆質量大約是木星 30% 的行星，不過，這也是一顆氣態行星。

這兩次發現讓我們對這顆恆星的興趣大大增加。終於在 2005 年 6 月 13 日，人類找到了第一顆超級地球。天文學界一般把質量不超過地球 10 倍，直徑大約是地球 1.25 — 2 倍之間的岩石星球稱為「超級地球」，這就是「格利澤 876d」，距離地球僅 15 光年。

「格利澤」（Gliese）是一個星表的名稱，得名於德國的天文學家格利澤，他在 1957 年發佈這份星表，收錄了距離地球 20 秒差距[1] 之內的將近

1　編按：秒差距（parsec）是一個宇宙距離尺度，用以測量太陽系以外天體的長度單位。1 秒差距的距離等同於 3.26 光年（31 兆公里或 19 兆英里）。

1000 顆恆星。後來這份星表升級為 22 秒差距之內的 1529 顆恆星。

找到太陽系外的「超級地球」還只是第一步，對於生命來說，光有固體的地表還遠遠不夠。我們在前言說過，本書所說的外星文明是指與我們地球生命類似的，以碳（C）和水為主要構成物質，雖然生命不一定要跟我們類似，但我們只能研究與我們類似的生命形式，其他未知形式的生命，既然是「未知」就無從研究起。

因此，要找到外星文明的關鍵是「液態水」，只有找到有液態水的行星，才能指望這顆行星上存在文明。而一顆行星要允許液態水的存在，條件是極為苛刻的，首先它距離恆星的位置必須要合適，不能太遠也不能太近，使得行星表面的溫度不高不低，恰好可以允許液態水的存在，這個區域也被稱為「宜居帶」。行星位於宜居帶的概率並不高，如果把太陽系想像成一個足球場那麼大，用美工刀在太陽周圍畫個圈，那個美工刀刻出來的劃痕差不多就是宜居帶的大小了。然後行星的質量也必須和地球差不多，太大會導致引力很大，大氣過於稠密；太小則引力無法吸附住大氣，如果沒有大氣，行星表面無法存在液態水。

但宇宙之大，這點小概率又算得了甚麼呢？

格利澤 581 是一顆紅矮星，距離地球 20.4 光年，質量是太陽的 0.31，直徑是太陽的 29%，表面溫度是 3480K。2005 年 8 月被發現擁有 15.8 倍地球質量的行星格利澤 581b。2007 年 4 月兩個超級地球同時被發

現，格利澤 581c 和格利澤 581d 的質量分別為地球的 5.5 倍和 7 倍。其中 d 位於 0.22AU 處，公轉周期 66.9 天，恰巧位於宜居帶。格利澤 581d 所獲得的熱量是地球的 30%，比火星還要少。由於其質量和體積較大，有可能擁有大氣且存在溫室效應，如果真是這樣的話，格利澤 581d 表面可能存在較大面積的海洋。只是這個發現當年並沒有引起太大注意，也沒有媒體廣泛報道，真正讓超級地球火爆起來的是 2010 年。

2010 年 9 月 30 日，那一天秋高氣爽，我在岳母家吃晚飯，電視裡在放着 CCTV 的新聞聯播。我正吃着最愛的紅燒鯽魚，卻有一條新聞讓我放下飯碗，衝到電視機前面。新聞指一顆處於宜居帶的超級地球被發現了！同樣是「格利澤 581 星系」，位於「格利澤 581d」的內側，這顆新的超級地球被命名為「格利澤 581g」，質量為地球的 2.2 倍，距離恆星 0.13AU，公轉周期 32 天，與格利澤 581d 剛好構成 1：2 共振，所處的位置給了江河湖泊以存在的條件，一切條件夢幻般的合適。這個發現被媒體廣泛報道，一下子讓人類意識到像地球這樣的行星出現的概率原來比想像中要高得多，讓無數天文迷激動不已。

格利澤 581g 假想圖

2009 年 3 月 6 日，天文學界迎來一件大事，NASA 刻卜勒太空望遠鏡發射升空。這架望遠鏡是人類智慧的精華，裝備精良，是專門以用凌星法尋找系外行星而設計的，目的很直接。刻卜勒太空望遠鏡的工作原理很簡單，就是對着天鵝座佔據全天約 20% 的區域不停拍照，然後判斷哪些恆星的亮度會產生周期性變化。全世界的天文學家都在等刻卜勒望遠鏡能帶回激動人心的消息，而刻卜勒也沒有讓天文學家們失望。接下來的近 10 年裡，系外行星搜尋的主角絕對是刻卜勒望遠鏡。

刻卜勒升空後，激動人心的消息每月傳來，讓人應接不暇。

2011 年 12 月 5 日，NASA 證實找到一顆至今環境最接近地球的行星，這顆系外行星名為刻卜勒 22b（Kepler 22b），其直徑約為地球的 2.4 倍。

刻卜勒 22b 假想圖

刻卜勒 22b 行星系統與太陽系行星系統對比圖

刻卜勒 22b 距離地球約 600 光年，它的一年相當於地球的 290 天。它圍繞運行的恆星和太陽非常相似，只是質量稍小，溫度也相應低了一些。刻卜勒 22b 的表面溫度 21 度，非常適合生命的發展。雖然科學家目前仍不清楚該行星的組成部分，是以岩石、氣體或液體為主，但 NASA 的科學家表示，這顆行星是目前為止發現的，地球之外最有可能有出現生物的星球。

截至 2017 年 8 月，綜合英文維基百科和 NASA 官網提供的數據，天文學家已經發現近 5000 顆系外行星候選者，當中超過 3200 顆已被確認，其中 80% 以上都是由刻卜勒太空望遠鏡發現的，而這裡面被確認位於宜居帶的行星有 53 顆。隨着發現的速度和數量越來越高，現在宣佈發現系外行星已不是甚麼新聞了。最近一次的天文大消息是 2016 年 8 月，在距離地球僅僅 4.23 光年的最近的恆星比鄰星附近，也發現了一顆超級地球，而且也處在宜居帶內。不過這次是歐洲南方天文台發現的。

天文學家們已經用確切的證據證明了，宇宙中不但有類地行星，而且非常多。這是一個天文發現狂飆突進的年代，我們都趕上了好時候，我覺得人類在未來的二十年一定會有驚天大發現。

我們都是幸運的一代，只要躲在家裡的被窩中滑滑鼠標，就可以接收最前沿的天文觀測結果。

「他們」真的來了！

中部 講理

一　宇宙中只有我們嗎？

我先給你看張圖片，估計你一眼就能認出它：

是的，誰都可以認出，這顆藍色的美麗星球就是我們人類生存的家園 —— 地球，在漆黑的宇宙中漂浮着，它的美麗就像是與生俱來的，太陽系中沒有任何一顆行星能與之媲美萬一。

下面我們再來看一張照片，請你再來認認：

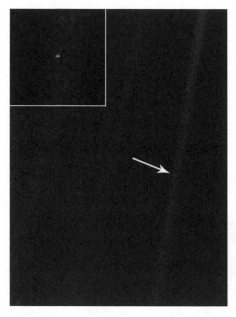

航行者 1 號拍攝的地球

這是 2007 年 NASA 評選的「從太空看地球」史上十佳照片之首的作品。就是這麼一張初看上去毫不起眼的照片，成為當年全球各大媒體的頭

條。由美國發射的航行者 1 號探測器，在 1990 年飛到距離地球 64 億公里時，在天文學家卡爾・薩根的強烈要求下，NASA 不惜耗費對於太空探測器來説極其寶貴的能源和影像資源，而拍下這一張「回眸一瞥」。對於天文學和宇宙學研究來説，這張照片毫無用處，但它對人類帶來的震撼力不是任何一篇學術論文所能比擬的 —— 原來從 64 億公里遠的地方來看，我們「美麗的藍色星球」不過是一個暗淡的「小小光點」，如果不是特別指出來，恐怕你無法和圖片上的噪點區分開來。

你可能覺得 64 億公里是一個很遙遠的距離，然而從天文學的角度來説，這其實叫做「近在咫尺」—— 甚至連這個詞都顯得太遙遠了，用「就在眼皮底下」恐怕一點也不過分。到底 64 億公里在宇宙中是個多遠的距離？

天文學一般用光走多少時間來表示距離，比如 1 光秒是 30 萬公里，1 光時是 10.8 億公里，1 光年是 9.4 萬億公里。那麼航行者號拍攝地球的這個距離差不多是 6 光時，而太陽系的大小（廣義的太陽系以奧爾特雲為界限）大約是半徑 2 光年，所以拍這張照時航行者 1 號只不過才走了太陽系的三千分之一多一點。如果把太陽系想像成一個足球場，太陽位於足球場的中心點，那麼航行者 1 號不過就是離開了中心點約 50 厘米的距離。

怎麼樣，是不是有點感覺了？航行者 1 號無非就是在宇宙中走了那麼一點點的距離，可是從它上面看到的地球，已經變成了如此暗淡的一個小光點，周圍全是黑漆漆的一片廣袤的宇宙空間，你是否跟我一樣產生了一點

孤獨感？從航行者 1 號的位置看太陽，太陽也變成了比其他星星稍微亮一點點的一顆普通星星，如果航行者 1 號再往前走到 0.5 光年的地方，那麼太陽就會完全淹沒在銀河系中的千億星辰中，再也沒有任何特殊了。

航行者 1 號是 1977 年發射的，飛到拍照片的那個位置用了 13 年，50 年後它會進入奧爾特雲，然後要用 3、4 萬年的時間穿過這片或許由上萬億個冰塊（也就是彗星）組成的「雲」區，這才算是真正飛出了太陽的引力控制範圍。飛出太陽系就來到幾乎完全空無一物的巨大的星際空間，73600 年後，它才能經過離太陽系最近的一個恆星系，半人馬座比鄰星，那裡就是科幻小說《三體》中的外星文明所在地。坦白地說，7 萬多年後，人類文明是否還存在都是個問題。而這 7 萬多年的飛行，僅僅不過飛行了不到 4 光年，這在宇宙的尺度上簡直不值一提。

上面這些描述，你可能已經開始咂舌：沒想到太陽系居然這麼大。其實和整個宇宙相比，太陽系不過是一粒塵埃而已。前面說到航行者 1 號要飛行 7 萬多年，才能飛出不到 4 光年的距離，而這 4 光年差不多就是銀河系中恆星之間的平均距離。我們的太陽在銀河系中不過是一顆不大不小的普通恆星，而銀河系包含的恆星總數目前認為是 2000 億到 4000 億顆。2018 年全球總人口是 75 億，你閉上眼睛想像一下把每個地球人都變成 30 個，1 個人就代表着一個太陽，這就是銀河系中太陽的數量，這該是多麼恐怖的一個數量啊。如果你開始對這個龐大的數量感到一點吃驚的話，那我將繼續讓你已經合不攏的嘴張得更大，我再向你展示一張圖片：

哈勃超深空場

這張圖是哈勃望遠鏡對準宇宙深處，積累了近半年的數據所獲得的。在這張圖片中覆蓋的區域相當於全天空的 1270 萬分之一。你千萬不要以為圖中的每一個亮點都是一顆「星星」，事實上一個亮點都是一個像銀河系一樣有着千億恆星的星系，銀河系在宇宙中只不過是一個中等偏小的星系。這張圖片所拍攝到的區域，大概有 1 萬個星系。據最新估算，宇宙中的星系總數超過 1400 億個，隨着天文望遠鏡尺寸的不斷增大，觀測的不斷深入，這個數量只會增加不會減少。

這樣說來，宇宙中像太陽這樣的恆星豈不是多到不可想像？沒錯，恆星的數量確實多得不可思議，但並不是難以想像的。打一個粗略的比喻，你想像自己來到海邊，在海灘上隨手抓起一把沙子。你認為自己能抓

起多少沙粒呢？每個人手掌大小不同，粗略來算，抓一把大概有幾十億顆沙粒，然後你想像一下把全世界的沙粒都集中起來，不管是海灘上的還是沙漠中的，沙粒的數量差不多就和宇宙中已知的恆星數量有得一拚。除了「恐怖」，我實在想不出第二個可以形容這個數量之多的詞語。

我們的太陽在宇宙中是一顆平凡的恆星，而根據刻卜勒望遠鏡最近幾年的發現，天文學家們證實了類地行星普遍存在於恆星系統中。下面讓我們來做一個簡單的計算：銀河系中有 2000 億顆左右的恆星，其中有 50% 帶有行星，平均每個恆星帶 3 顆行星（從現有的觀察結果保守估計），那麼就有 3000 億顆行星，這裡面至少有 10% 以上是由岩石構成的「超級地球」，那麼就是 300 億顆，這裡面至少又有 1% 位於宜居帶，那麼就有 3 億個「宜居類地行星」。注意，以上這些估計並不是我們拍腦袋亂估計的，全都是有實際的觀測數據作為支撐，而且還都是比較保守的估計，實際數量可能遠遠大於這個數字。注意一下，這裡只是銀河系的數字而已，僅銀河系就有可能存在 3 億個「地球」，那麼整個宇宙呢？我們已經知道宇宙至少包含 1400 多億個像銀河系這樣的星系，那麼整個宇宙的「地球」數量還得是 3 億乘以 1400 億，這個數量是多大呢？粗略估計至少是一個望不到盡頭的大沙漠中沙粒的數量，總之很多很多就是了。

有了這個概念，你還會認為宇宙中只有我們人類這一種智慧文明嗎？顯然大多數人都會達成共識：宇宙中不可能只有我們。人類的出現，證明智慧文明在宇宙中誕生的幾率大於 0，而在如此巨大到恐怖的樣本

空間下面，一個幾率大於 0 的事件怎麼可能只發生一次呢？

外星人一定普遍存在於廣袤的宇宙中，這一點絕大多數科學家和我都深信不疑。當然，如果是在嚴謹的學術論文中，我們不能就此說百分之一百有外星人的存在。但是在日常的口語表達和科普來說，我們可以認為宇宙中「一定」有外星人。NASA 也深信宇宙中有外星人的存在，因為在 NASA 的官網上，我們可以看到他們的使命是：

「理解並保護我們依賴生存的行星；探索宇宙，找到地球外的生命；啟示我們的下一代去探索宇宙」。

二　外星人在哪裡？

可是外星人到底在哪裡？在「上部」中，我們把人類尋找外星人的 160 年歷史梳理了一遍，不得不遺憾地承認：雖然我們已經可以感受到「他們」的存在，但是仍然沒有找到「他們」存在的證據。無論是在遙遠深邃的星空中，還是在我們腳下的大地上，我們都沒有找到外星人存在的蛛絲馬跡。

但是對於很多人來說，會認為外星人存在的證據早已經出現在各種 UFO 目擊報告中了，只是因為各種各樣的原因被政府隱瞞了真相。那

麼 UFO 真的是外星人存在的證據嗎？很多人把 UFO 理解為「外星飛船」，台灣把 UFO 翻譯成「幽浮」（聽起來瘆人，像是鬼來了），當然簡單的一點也可以叫飛碟。實際上 UFO 是 Unidentified Flying Object 的簡稱，翻譯過來就是「不明飛行物」。啥叫不明飛行物？一個從沒見過飛機的人看到飛機，這架飛機對他而言就是不明飛行物。因此每個人都有自己的「UFO」── 誰還能沒見過一些自己不認識的會飛的東西呢？在嚴肅科學領域，UFO 和地外文明搜尋是兩個研究範疇，當然這兩個領域會有一些交叉，但總體說來真正的搜尋地外文明的嚴肅科學家是不怎麼關心，也不研究 UFO 事件的。而研究 UFO 現象的往往以民間團體為主，說老實話這玩意確實比枯燥的天文觀測要刺激的多。全世界可能有成千上萬過個專門研究 UFO 的團體，各種專門的 UFO 研究期刊也是多如牛毛，但仔細了解一下就會發現所有的 UFO 期刊都不是正規的學術機構，而是商業機構主辦的。

絕大多數 UFO 事件都可以用人類製造的飛行器或自然現象來解釋，其中人造飛行器中最容易被誤解的就是高空熱氣球了，那個看起來最像「飛碟」。然後就是各種各樣的飛機或者飛機雲。常常有人很興奮地拍到一張「UFO」照片，拿給經常研究 UFO 現象的專業人士一看，馬上就認出那是甚麼東西。我們普通人畢竟見過的東西少，在現在這樣一個科技發達的時代，我們沒見過的人類飛行器多的是。在自然現象中，各種天體是 UFO 目擊事件的主角，比如行星、流星、彗星等，其中金星是被誤會最多的一顆星星，因為這顆星星往往在黎明時還能看見，又大又亮，很多人以為只有晚上才能看見星星，所以某個從來不早起的家

夥機緣巧合地看到金星，尤其是星光大氣折射下被放大的時候，會嚇一跳，以為看到了飛碟。過一會兒天大亮了，金星自然也就看不見了，於是 UFO 在他眼裡神秘地消失了。

但為甚麼這麼多年來，還是不斷有人研究 UFO 呢？就是因為號稱遭遇離奇景象的目擊者多不勝數。在一本 1980 年出版，名為《羅茲威爾事件》的書中，作者比爾‧摩爾採訪了超過 70 名目擊者，他們據稱都是這起事件的親歷者。

比爾‧摩爾採訪的人物中，最有份量的應該就是最先對這起事件進行調查的軍方少校馬希爾。馬希爾的每句話每個詞在 UFO 愛好者眼裡，基本就是金科玉律。他後來宣稱：碎片確實來源於飛碟，而上級雷米「氣象氣球」的解釋，純粹是在遮掩真相。他還表示自己能做出這一判斷，和他擁有物理學本科學歷有關。

隨着 UFO 概念被越炒越熱，站出來打假的人也多了起來。《無神論者期刊》的撰稿人、科學探究宇宙秘密的倡導者卡爾‧科夫（Kal K. Korff）就表示，馬希爾喜歡誇大其詞，恨不得把自己寫進歷史教科書裡。在羅茲威爾事件發生後不久，當地的指揮官在撰寫軍事檔案評價馬希爾的表現時，指出了他遇事喜歡誇張的性格特點。注意，這是軍事檔案，是非常嚴肅的。馬希爾本人的各種採訪，都應證了上級對他的這一評價。他說他駕駛着飛機把殘骸運回空軍基地，可他從來不是飛行員，之前並不會駕駛飛機。更誇張的是，他還不止一次提及，在這次駕

駛途中，他設法擊落了五架敵軍飛機。也不知道在美國的領空，哪來這麼多敵機，而且別人都沒發現，就他發現了。這次駕駛如果真的存在，肯定會出現在他的軍事檔案中，結果呢？檔案裡只有對他行為處事愛誇張的負面評價。開新聞發佈會的那位雷米準將還在他的軍事檔案裡特別留了一筆：正是因為馬希爾不會駕駛飛機，所以他在空軍的發展前景很有限。不知道是不是因為懷恨在心，馬希爾指控雷米是在替政府擦屁股，掩蓋真相，糊弄群眾。至於馬希爾說自己擁有物理學本科的學歷也被打假了。馬希爾在不同採訪中提及的大學都不同，但無論哪所大學都沒有他的入學紀錄，也沒有他獲得學位的紀錄。雖然對 UFO 粉絲的胡話是張口就來，但他對軍方卻不敢。在自己簽名確認的軍事檔案中，當被問到是否有大學文憑時，他回答「沒有」，這個應該是誠實的。

1947 年的羅茲威爾事件之後，越來越多人開始報告自己看見了 UFO，加上各種風言風語，於是美國空軍開始了一項研究計劃，調查總計超過 12000 件的 UFO 事件。這項計劃在 1952 年被正式命名為「藍皮書計劃」。隨着報告數量的上升，美國軍方有了新的擔心，覺得是敵對國家在搞鬼，有意大量炮製 UFO 的報告，擾亂美國軍方的情報工作，然後乘機偷襲。

1953 年 1 月，中情局請了 5 位著名科學家到華盛頓商討對策。這 5 位科學家在研究了 UFO 的報告後，認為 UFO 本身對國家安全不構成威脅，但是美國社會對這些現象的關注持續上升，卻可能成為一種威脅。

他們建議軍方對 UFO 的研究重點，不應該放在收集和分析有關報告，而是用於消除公眾對 UFO 的疑慮，對公眾進行教育。但是美國軍方並不覺得有對公眾進行教育的必要。這件事情的經過可以在維基百科一個「Robertson Panel」的人物詞條中看到。

進入 60 年代，隨着美國航天技術的突飛猛進，太空人多次被送上太空，太陽神計劃也在大張旗鼓地進行，美國公眾對太空的關注日益濃厚，許多人認為有必要認真對待「UFO 是外星人駕駛的飛船」這種假設。美國空軍對此的冷淡態度遭到越來越多的批評。1966 年 3 月密芝根州發生了「沼澤氣事件」，有一百多人 —— 包括部分警察 —— 報告在大學城安阿伯附近的一個沼澤地上空目擊到 UFO，UFO 的出現持續了兩晚。其中一晚有希爾斯代爾學院 87 名女學生聲稱，在她們宿舍窗口，看到沼澤地上空有一個閃亮的球體，持續飛行了大約 4 小時，目擊者當中還包括了學院院長。這一消息成了全美國的頭版新聞，但最後藍皮書計劃的一名科學顧問，根據密芝根大學科學家們的意見，將這個 UFO 現象解釋為沼澤氣體自燃所引起的。

這個解釋讓許多密芝根人覺得受到了侮辱。有一名來自密芝根州的國會議員，就趁機要求國會對 UFO 展開全面調查。沒過多久，眾議院軍事服務委員會對 UFO 舉行了聽證會，召集空軍部長、藍皮書計劃的主任以及藍皮書計劃的科學顧問作證。空軍部長哈羅德‧布朗（Harold Brown）作證説，自 1947 年以來，空軍聘請了科學家、工程師、技術人員和顧問，對超過 12000 起 UFO 報告做了調查。最後得出的結論是，

可以確定大部分事件，人們看見的其實是恆星、雲層或反射太陽光或月亮光的常規間諜飛機。最後還有 701 件 UFO 事件因為提供的信息不足，無法做出充分的判斷。他的結論是，在過去 18 年對 UFO 的調查中，並未發現它對國家安全有任何威脅，也沒有證據表明 UFO 代表着現有科學知識所無法解釋的新事物或原理，UFO 屬於地外航行器的說法更是無從談起。

聽證會後不久，美國空軍宣佈他們將資助某個大學獨立研究 UFO 現象。最後科羅拉多大學宣佈接受這個項目，項目主任是物理學家愛德華·坎頓。1969 年科羅拉多大學出版了《不明飛行物的科學研究的最後報告》，這個報告也被稱為「坎頓報告」。坎頓報告由 36 名多個領域的專家參與寫作，長達 1465 頁，從視覺生理學、光學、天文學、氣象學、心理學、工程學等角度對 UFO 目擊證詞中的描述，以及相關照片和雷達記錄做了充分分析，並實地調查、採訪目擊者。這份坎頓報告是一份來自科學家共同的權威報告，也是到目前為止對待 UFO 現象最值得信任的報告。

首先，它告訴我們，UFO 並不神秘，它和主流科學界的看法是一致的，除了捏造的報告外，在有充足的信息時，UFO 都有合理的自然解釋，比如屬於天文現象，如大行星、流星、彗星等；屬於氣象現象，如碟狀的雲彩、球狀閃電、雲層折射產生的光學假象等；屬於人類飛行器，如氣象氣球、飛機、人造衛星等；和其他自然現象，如鳥群、燈光等。它的結論是：「對我們所獲得的資料進行仔細分析之後，我們的結論

是，對 UFO 做更廣泛的進一步研究，很可能不會滿足『科學會因此獲得進步』的期望。UFO 現象不會是一個探索重大科學發現的有成果的領域。」

坎頓報告明確批評了一種挺常見的行為，那就是通過探索 UFO 來培養青少年的科學興趣。這種做法不僅在當時的美國有，在現在的中國也很普遍。我在谷歌上搜索到完整的坎頓報告，並翻譯了部份內容：「有一個問題需要公眾引起注意的是，我們的學校裡有這樣的情況發生，許多孩子被允許，甚至是被鼓勵把他們用來學習科學知識的時間用在了閱讀 UFO 的書籍和雜誌上。我們感到孩子們被誤導了，他們會把不切實的錯誤的信息當成有確切科學依據的內容，這對他們的教育是有害的。學習 UFO 有害，不僅是因為很多材料錯誤百出，還因為它阻礙了孩子們科學精神的養成，而科學精神的培養是每個美國人必需的。所以我們強烈建議教師們不再鼓勵學生閱讀現有的 UFO 書刊來完成學校的作業。如果老師遇上了對探索 UFO 癡迷的學生，也應該引導他研究嚴肅的天文學和氣象學，並培養他批判分析那些錯誤推理或虛假數據堆砌出的天馬行空的主張。」

這就是坎頓報告的主張。美國科學院經過審查後表明了自己的立場：支持坎頓報告。坎頓報告獲得科學界的普遍讚揚，並被認為是對 UFO 現象所做的最充分的科學研究。其實坎頓報告並沒有否認地外文明的存在 —— 科學家一般喜歡把外星人叫地外文明，因為外星智慧生物不一定長得像人。坎頓報告指出科學界普遍認為地外文明是存在的，但

如果太陽系不存在其他文明，那麼地外文明訪問地球的可能性極低。在做了一系列分析後，它說：「我們認為，可以可靠地假定，在未來的一萬年間，太陽系之外的地外文明沒有可能訪問地球。」

同樣是在 1969 年，卡爾‧薩根組織了一次美國科學促進會的 UFO 現象研討會。薩根在會上猛烈抨擊那種把 UFO 當成外星人飛行器的說法。他通過一系列假設和數字推理，估計銀河系存在一百萬個有能力做星際旅行的高級文明。如果其中任何一個想對所有其他文明定期訪問，比如一年去一次，那麼每年就要發射一萬個太空飛行器，這就會用掉銀河系中所有恆星產生的能量的百分之一，是不合理的。但如果僅僅是地球被選出來做定期的訪問，這又與銀河系中存在許多高級文明、地球並不突出的假設相矛盾，因為如果存在許多文明，那麼我們的文明一定是非常普通。如果我們的文明並不普通，而是很突出，那也就是說，有能力到達地球的外星文明就非常稀少。這個推理被稱為薩根悖論。它確立了一個科學思想：地外文明是存在的，但是 UFO 與它們沒有任何關係，我們應該通過其他途徑尋找地外文明。

1969 年 12 月 17 日，美國空軍根據坎頓報告、美國科學院的審查以及以前的研究，宣佈終止藍皮書計劃。給出的理由是「不論出於國家安全還是科學興趣的考慮，都沒有理由繼續進行藍皮書計劃。」

但是人們總是喜歡陰謀論，覺得是政府在掩蓋一些事情的真相，各種陰謀論的觀點還時不時出現在大眾媒體上。

到了 1993 年，美國空軍迫於各方壓力又開始對「羅茲威爾事件」展開調查。1994 年 9 月 8 日，美國空軍以負責內政安全和特別項目監理部長理查·韋伯個人的名義，發表了題為《空軍有關羅茲威爾事件的調查報告》。之所以用個人名義發表，可能與空軍自己也是調查對象有關，大多數美國人都認為美國空軍有掩蓋真相的行為。報告稱：「在本次調查中，沒有發現任何證據可以表明，1947 年發生在羅茲威爾附近地區的事件，和任何一種地外文明有關。」令人意想不到的是，這份報告雖然推翻了「外星人飛碟」的說法，卻首次透露了羅茲威爾事件與當時一項被視為高度機密的「莫古爾」偵察計劃有關。

「莫古爾」計劃是美國在 1947 年 6、7 月間進行的一項絕密軍事試驗，目的是放飛一些攜帶雷達反射板和聲音感應器的氣球 —— 也被稱為「間諜飛機」，利用這些氣球去探測蘇聯核試驗所產生的衝擊波，以監視當時蘇聯的核爆試驗。其實到這裡，被沸沸揚揚爭論了近 50 年的「羅茲威爾飛碟事件」，就已經被揭開了神秘的面紗。雖然氣球並不是軍方最初宣稱的「氣象氣球」，但事情遠沒有誇張到比科幻片還科幻的地步。

儘管如此，圍繞 UFO 的大新聞也不會就此停止。2017 年 12 月 16 日，大多數人正準備迎接新年，在 UFO 愛好者圈子裡炸開了一條重磅新聞。和以往一閃而逝的模糊報道中的飛行器不同，這條新聞和美國國防部有關。報道指美國國防部每年的 6 億美元預算中，有 2200 萬是保密的，現在秘密被揭曉了，它用於一個被稱為「航空航天威脅先進識別計劃」的項目。這個項目從 2007 年開始的，負責調查各種關於不明飛

行物，也就是 UFO 的報告。這很重要，每年有 2200 萬美元，相當於 1.4 億人民幣，被用來研究 UFO。這對每花一分納稅人的錢都要謹慎負責的美國，可以說是一石激起千層浪。

新聞最早是由大名鼎鼎的《紐約時報》報道，後來口碑很好的美國國家公共電台（NPR）也轉載了。為了說明消息的可靠性，《紐約時報》在報道時還特意表明消息來自三個渠道，包括國防部官員、計劃參與者和《紐約時報》自己的線人 —— 在美國，著名的報業巨頭仍然是各種真相最有力的揭露者，每一家媒體都有着自己的線人，美國歷史上最著名的線人就是導致尼克遜總統下台的「深喉」。其實國防部自己也知道，每年花 2200 萬研究 UFO，聽上去實在有點太奢侈了，因此他們之前就有兩種對外的統一口徑，一種說，對不起，這個計劃並不存在，是謠言；還有一種說法是，這個計劃存在過，但 2012 年就停止了，你們這是老黃曆了。但是媒體深挖內幕後，發現 2012 年只是在官方層面停止了，但仍有部分員工還在繼續工作。現在關於這個計劃的確切消息是，它是由一位叫作路易斯・艾利佐多（Luis Elizondo）的軍事情報官員領導的，工作地點是在五角大樓的 C 環。

該計劃最早是由當時的參議員哈里・瑞德提出的，瑞德本人是一位宇宙探秘愛好者。據《紐約時報》報道，預算的大部分錢進入了「自己人」的口袋，也就是一家由參議員的老朋友經營的航空航天研究公司。這家公司目前與 NASA 還在合作開發可擴展的載人宇宙飛船。這個新聞如果能持續引發關注，國會或許會對這個計劃展開調查，畢竟，整整十

年，2 億美金，並沒有看到任何可靠的研究成果。

我們再來看近十年最有名的一起 UFO 探秘事件，從這個事件中，我們可以對 UFO 研究有一個更加客觀清醒的認識。該事件也是刊登在美國《無神論者期刊》上的，可信度很高，而且提到的時間、地點、人物也都有據可查，任何人都可以去核實。

2014 年 11 月 11 日下午 1 點 52 分，一架智利海軍直升機正沿着聖地牙哥機場西南 80 英里處的海岸飛行，目的是測試新的紅外相機。那天的南美洲正值晚春，天氣晴朗，清澈的藍天和低矮的雲層覆蓋着附近的山脈。直升機的機組人員發現遠處有白色物體向北面飛行。他們無法識別該物體，便用新相機來觀察，並嘗試拍攝視頻來跟蹤。在紅外影像中，該物體看起來像兩個連接着的球體。但在普通鏡頭中，它是模糊的白色形狀。在某一時刻，該物體似乎釋放出了一些奇怪的物質，這些物質看起來像是和物體本身一樣散發熱度。直升機繼續追蹤，但該物體移動得太快了，最終智利海軍跟丟了，只能返回基地。

由於無法鑒別這個飛行物體，這段視頻最後被交給異常航空現象研究委員會（CEFAA）。這個機構是智利官方的 UFO 調查組織。為了研究清楚這團白色物體，CEFAA 請來了各行各業的專家，包括天文學家、地理學家、核化學家、物理學家、心理學家、航天醫學家、空中交通管制學家、氣象學家、軍事將領、航天研究員、飛行檢查員、航空工程師和圖像分析師。這一長串的名單確實令人印象深刻。氣象學家和

羅茲威爾事件的官方推斷相似，給出的解釋是可能是一枚探空氣球，但這個說法後來被其餘專家推翻。天體物理學家無法推斷出這個物體是甚麼，但他經過檢查確定它不可能是太空垃圾。一名海軍上將表示該地區當時沒有海軍演練或秘密的飛行。CEFAA 的官員則確認這不是一架無人機。空軍照片分析則表明該物體也不會是鳥兒。數不清的專家排除了無數的可能。最後 CEFAA 投降了。兩年後他們發表了一則聲明，宣佈這是一個真正的無法解釋的現象。他們通過《哈芬頓郵報》的作家萊斯利‧肯恩公佈視頻。肯恩隨後就此事件寫了一篇文章，並於 2017 年 1 月 5 日發表。文章和視頻猶如病毒般傳播，在 Youtube 上的點擊率很快突破了二百多萬。它引發了一陣狂熱，終於有了一個「真正的」UFO 視頻了，軍方判定它是未知的，無數的專家和數年的研究都證明，它是神秘的不可知的，這就是真正的 UFO 啊，否則這一串專家怎麼會鑒定不出，甚至沒能給出一個合理的解釋？

然而，UFO 愛好者的狂喜只維持了五天。1 月 6 日，一位叫做斯考特‧布蘭多的 UFO 愛好者在推特上發了一個鏈接給科學作家米克‧維斯特，求證一種可能性：這會不會是一架飛機和它的飛機雲？米克看了下視頻，立刻想起他經常可以在家看到的一種飛機雲跟這個很像。米克住的地方在三藩市以東，附近起飛的飛機在越過塞拉山脈時經常要飛到 7500 米的高度。在那個高度，一陣陣航空動力引起的飛機雲隨處可見。於是米克在自己創辦的網站論壇上寫了第一篇關於此話題的文章，他是這麼說的：「我開門見山，它是一架飛機，正飛離攝像機，比直升飛機要高得多，在 4500 至 7500 米之間，形成了短暫的飛機雲。那

兩個發光點來自飛機發動機的熱度。」

第二天，另一位熱心網友「開拓者」發文說，他找到了那天那個地區的 ADS-B 數據，這被稱作廣播式自動監視。ADS-B 是一種較新的系統，飛行器使用 GPS 定位自己，並向當地的 ADS-B 接收器報告自己的位置、高度、航向等。相關接收器則通過互聯網共享這些信息。經過整理後，這些信息通過 planefinder.net 這樣的網站向公眾免費開放。數據會被存檔，你可以回看幾年前飛機在任何時間的定位。

很快熱心的網友就發現只有兩架可能的飛機。一架是局域網航空公司的雙引擎飛機 LA330，另一架是西班牙國家航空公司的四引擎飛機 IB6830。討論持續了幾天，各類人都有加入。一名有從聖地牙哥起飛經驗的機師，解釋了為甚麼當時的飛機看着像是要着陸，但突然又不是，是因為飛機仍然在空中交通管制的頻率而不是普通交通的頻率上。一位攝像機專家解釋了不同的視野以及航向指示器為何沒有被校準。其他人問的問題，米克和論壇網友也努力回答。到了 1 月 11 日，在對該物體的移動進行了詳細的逐幀分析之後，米克充滿信心地下了結論：該物體是航班 IB6830，從聖地牙哥機場起飛，爬升時留下了兩段航空動力引起的飛機雲。這個事件就這樣解決了。

專家兩年內沒搞清的問題，被一群熱心網友五天就搞定了。米克認為這沒有甚麼好奇怪的。他說：「專家小組存在一個根本問題，就是你研究的是未知事件，而你不可能是未知領域的專家。我恰好有一些非

常小眾的知識和經驗來解決這起特定類型的事件。問題在於他們本來就該請一個像我這樣的專家加入小組。我想說明的是，你不可能把所有有需要的人都請入專家小組。任何專家小組都會受限於特定的知識領域，這樣的結果就是不明飛行物從領域間的縫隙裡溜出，變成未知事件。」

這起著名的、引起了全網轟動的 UFO 事件就這樣解決了，米克他們做了大量的解釋工作，UFO 的愛好者們也接受了他們的解釋。但是假如沒有斯考特發給米克的那條推測呢？這就又成了一個世界未解之謎。最後我想說的是，這類專家一擁而上、隨後認定事件「無從解決」的事情其實並不少見。我們在遇到類似的事件時，第一個想到的應該就是，這種未知的不明事件一般都是可以得到科學解釋的。科學精神中很重要的一條，就是堅持非同尋常的主張需要非同尋常的證據。即使鋪天蓋地的信息裡有很多 UFO 的傳說，我想告訴你的是，到目前為止，我沒有發現任何能證明 UFO 與外星人有關的有力證據，它的存在本身或許只是時間催化了的謠言。

事實上，在所有的 UFO 目擊事件中，幾乎看不到由天文學家提交的目擊報告，難道外星人都故意躲着他們嗎？可以說，至少 99.9% 的 UFO 目擊報告只要做一些深入的分析和調查，都是能被解釋的，但我們也不得不承認，這裡面仍然有少數 UFO 事件暫時無法解釋，或者說超出了人類現在所掌握的知識範疇。那麼，這些無法解釋的 UFO 事件就一定是外星人所為嗎？

我承認這個世界仍然有許多科學尚不能解釋的自然現象，但現在不能解釋，不代表將來也不能解釋，比如「球狀閃電」這個廣為人知的神秘現象，是被誤認為 UFO 最多的自然現象之一，人類現在掌握的科學知識解釋球狀閃電就非常勉強，但這肯定只是暫時的，隨着科學的發展，總能把球狀閃電解釋清楚的。在嚴肅科學領域，一般都不認為 UFO 現象與外星文明有關，主要是基於以下幾個觀點：

第一，按照正常的邏輯思維，外星人如果要造訪地球，那麼在造訪之前，總要先跟地球上的文明取得聯繫。你想像一下，如果我們人類在某個太陽系鄰近的星系中發現了文明活動的痕跡，那麼我們在派出考察飛船之前，肯定會先試圖用無線電呼叫他們，看看他們的文明程度到了甚麼地步，至少我們要先對那個文明的基本情況有個了解吧。然後還得問問人家是否歡迎我們去造訪，或者問問需要我們帶些甚麼禮物過去。總之，文明與文明之間的距離一定是非常遙遠的，飛行時間超過幾百年已經是最最樂觀的估計了，那麼也就是說外星人在發現地球文明到他們飛過來，這中間至少有幾百年的時間，在這幾百年的時間中難道他們就對我們不好奇，他們明明可以用其他方式來與我們溝通從而了解我們，哪怕真是懷着惡意的，也不妨先假裝善意與我們溝通，就算要打仗，知己知彼也是必要的。為甚麼很多人寧願相信外星人會兩眼一抹黑，先不管不顧的偷偷飛來了再說，而不願意相信外星人也有着跟地球人差不多的邏輯思維，先與我們取得聯繫呢？

第二，如果政府真的發現了外星人確實存在的鐵證，為甚麼要隱瞞呢？

很多人堅信其實外星人早就跟地球人聯絡了，但都被美國政府隱瞞了下來，就是不肯公之於眾。我不知道為甚麼這些人都這麼願意相信陰謀論，而不去從最普通的邏輯考慮問題。丹·布朗寫過一本驚悚小説，叫做《大騙局》(Deception Point)，裡面就寫到 NASA 為了讓美國的納稅人繼續支持航天事業，不惜設計了一場驚天大騙局，那就是 NASA 終於找到了外星文明存在的證據：在南極的永久冰層中發現了一顆隕石，這顆隕石中充滿了古生物化石。NASA 説要不是美國人民支持我們研製的地球遙感衛星，就不可能在南極幾公里深的冰層中發現這顆隕石。當這顆隕石一被公佈後，包括美國總統在內的全世界人民都沸騰了，美國更是掀起了一股巨大的航天熱潮，NASA 獲得無數讚譽，美國人民個個願意捐錢給 NASA 繼續大力發展太空事業。你看，別説是發現外星智慧文明了，就算是發現了一點外星生物存在的證據，都能獲得如此巨大的收益，這不論是對於個人還是政府機構，都是一個無法抗拒的誘惑，我實在想不出任何個人或者單位有隱瞞外星文明證據的動機。按照正常的邏輯，如果外星人試圖與地球聯絡，那麼第一個截獲信號的很可能是美國，因為美國擁有世界上綜合實力最高的天文觀測設備，而美國截獲信號實際上就意味着是 NASA 截獲信號。NASA 的性質是一個靠全體美國納稅人供養的獨立科研機構，既不歸軍方管，也不是軍事部門，如果是裡面的哪個科學家率先截獲了外星人的通訊，那麼肯定高興得瘋掉了，一定第一時間向全世界宣佈，沒有人可以阻止他為了自己的名利奮鬥，哪怕晚一秒鐘也有可能被別人搶了先機，這種事情當第二就沒有任何意義了。

第三，飛碟的造型在物理規律上說不通。我們看到的幾乎所有的 UFO 事件中的主角都是一個圓盤或者草帽狀的飛行器，而且很多目擊報告都說這種飛碟飛得特別快，特別靈活。但是，這種造型根本就不適合在地球的大氣中飛行，完全不符合空氣動力學。很早就有一批科學家試圖研製碟狀的飛行器，最早可以追溯到納粹德國的科學家，但無論是理論還是實踐都確定無疑地告訴人們，在地球的大氣中想要獲得最佳的空氣動力性能以及靈活的機動性，必然是有翼結構為最佳，通俗地講就是需要翅膀，只有翅膀才是最適合在地球的大氣中飛行。可能有些人要反駁說那是因為地球人的科技太爛，我們坐井觀天，不知道天外有天，人外有人，人家外星人的科技比我們高的多了，憑啥我們得出的結論就是對的？說不定在外星人眼裡，這些結論是多麼的無知和可笑。這種觀點咋一聽似乎振振有詞，大義凜然，其實是錯誤的。誠然，人類對自然規律的理解總是在一代代地更新，伽利略否定了亞里士多德，牛頓又否定了伽利略，愛因斯坦又否定了牛頓，但如果你認為每一次的否定都是等同的，每一個被否定的錯誤和錯誤都是可以劃等號的話，那麼你犯下的錯誤就比亞里士多德、伽利略、牛頓所犯下的錯誤總和還要多。自然規律是用數學語言描述的，每一次理論的升華都是在小數點後面做修正，而不是徹底的否定。

最早的古人認為地球是平的，後來發現不對，原來地球是個球體，再後來又發現原來是個赤道鼓出來的球體，再後來又發現原來地球更接近梨形，就這樣隨着人類觀測手段的不斷進步，我們不停地在小數點後面修正之前的認識。但你千萬不要認為，到了下個世紀地球會變成一個

171

立方體，再過一個世紀地球又變成一個六面體了。牛頓力學可以用來計算和預測水星的軌道，預報水星凌日的時間可以精確到秒級，但是隨着觀測精度的提高，人們發現牛頓力學計算的水星軌道和實際有微小的偏差，這個偏差 100 多年才積累了 17 角秒（1 角秒 =1/3600 度）。直到愛因斯坦的廣義相對論發明後，才修正了牛頓力學，使得在人類現有的觀測精度下，理論值和觀測值吻合的完美。在日常口語中，你當然可以說牛頓力學錯了，證據就是愛因斯坦的廣義相對論，但是你可不能因為簡單的一個「錯」字就把牛頓的錯誤和那些認為天圓地方的古人的錯誤等同起來，將來可能也會有一天我們發現愛因斯坦的廣義相對論也是「錯」的，但是這個錯誤和牛頓的錯誤也不可以劃上等號，新理論必然是在比現在微小得多的尺度上對廣義相對論的修正，這個宇宙不可能今天觀測到是這樣，明天換了個理論就完全不同了。

人類現在掌握的空氣動力學的知識確實有可能是「錯」的，但你一定要好好地理解這種「錯」的含義，從數學角度來說，新理論也一定是對舊理論在更高精度上的一種修正，絕不會因為來了一個外星人，空氣的基本特性就被改變了，我們已經掌握的物理知識就被徹底否定了。可能你還會想，飛碟主要是為了在太空中飛行，所以外形不是為大氣飛行設計的，但你別忘了我們前面討論的是在地球大氣中發現的 UFO 幾乎都是草帽型的，它們既然被設計成能在大氣中飛行，就必須考慮空氣動力學。而且，如果你覺得 UFO 在太空中飛行和大氣中飛行是同一種形狀，那就更應該覺得所有的飛碟都是草帽型太不合常理了，因為太空飛行不用考慮形狀問題，所以飛碟更應該是五花八門的，不應該總是一個形狀。

看到這裡，如果你不由自主地也感歎了一聲：「是啊，外星人到底在哪裡呢？」，那麼恭喜你，你的這一聲感歎有一個專有名詞，它就是在地外文明搜尋圈子中赫赫有名的「費米悖論」。有一個美國大科學家叫做費米（Enrico Fermi，1901—1954），有一次他在某個討論會上感慨了一句「可是，外星人到底在哪裡呢？」，他這一聲感慨居然被載入了史冊，而且創造了一個專有名詞出來，叫做「費米悖論」。那憑啥費米一聲感慨就成了一個專有名詞，而我們這些普通人從小大到一直感慨同樣的問題卻永遠也只能是我們自己的感慨呢？這裡面當然是有道理的，「外星人在哪裡？」這個樸素的問題背後藏着許多你從未想到的過的精彩立論。

三　費米悖論

（本節帶有部分演繹的成份，請讀者不必考古。）

1950 年的某一天，美國，洛斯阿拉莫斯國家實驗室。

費米、泰勒、約克、康佩斯基四個當時世界上知名的科學家一起去吃午飯，四個人在路上邊走邊聊。

費米：「泰勒，昨天報紙上又在報道 UFO 的新聞了，你看了沒？」

泰勒：「看了，三年前的羅茲威爾事件的熱潮顯然還沒有消退，記者們為了多吸引些讀者，凡是跟外星人沾點邊的新聞就會拿出來熱炒。不管你們信不信，反正我是不信。」

費米：「這次的報道實在太離譜了，那個農夫説自己被外星人抓走，在飛碟上過了一夜。」

約克：「好在他沒説自己在飛碟上有了豔遇，否則這則新聞的轟動效應更大。」

康佩斯基：「現在的報紙，永遠只會説故事，從來給不出任何證據。」

費米：「現在這年頭，凡是説不清的事情全都往外星人頭上栽贓。」

泰勒：「可不是嘛，你看阿蘭‧鄧的那個諷刺漫畫，市內的垃圾桶找不到了，也成了外星人對地球資源掠奪的證據。」

四人來到餐廳，邊吃邊繼續聊。

約克：「雖然到目前為止沒有出現一條讓我信服的證據可以證明外星人存在，可是我仍然相信他們是存在的，畢竟宇宙這麼大。」

泰勒：「我也同意。我的理由是平庸原理，既然我們的太陽在宇宙中是

一顆平庸的恆星，那麼我們的地球也是平庸的，我們人類就更是平庸的了。在浩瀚的宇宙中一定不會只有我們人類這一種智慧文明存在，只是他們有沒有來過地球，這個事情還得靠證據說話。」

費米：「銀河系有 1000 多億顆恆星，哪怕只有萬分之一的概率出現地球這樣的行星，也有 1000 萬個『地球』了，再有萬分之一的概率進化出智慧文明，那也至少應該有 1000 個像地球一樣的文明了。」

康佩斯基：「光是在銀河系中，文明的數量就肯定不少，只是銀河系實在太大，文明之間想要互相接觸恐怕不容易。」

費米：「讓我來估算一下這種文明間接觸的可能性到底有多大，我感覺可能未必有這麼難。首先我假設文明為了克服資源匱乏的問題，必須向外太空擴張，那麼向別的恆星系發射探測器就是必然之選。因為銀河系空間的巨大，所以擴張的關鍵是探測器的飛行速度。」

泰勒：「愛因斯坦的相對論認為，任何物體的運動速度都無法超過光速。」

費米：「相對論是偉大的，我沒有異議，光速應該是星際飛行速度的上限。以我們人類現在掌握的技術來看，僅能達到光速的萬分之一，在我可以預見的將來，我大膽的預測，飛行速度達到百分之一光速是完全有可能的。」

175

約克：「按照人類目前的技術進步的速度估算，我覺得達到光速的百分之一最多只要幾百年的時間，可能會更短，技術進步的時間和漫長的星際旅行的時間比起來，確實不算甚麼，我同意費米的觀點：擴張的速度關鍵在於飛行速度，文明的進化時間可以忽略不計了。」

費米：「銀河系的尺度是 10 萬光年，如果按照百分之一的光速計算，1000 萬年可以從銀河系這頭飛到那頭了，即便是按照千分之一光速的保守速度計算，1 億年也能橫貫整個銀河系了。1000 萬年也好，1 億年也好，相對於地球存在的時間來説，都不算太長，畢竟我們的地球已經存在了 45 億年之久。」

泰勒：「你想表達甚麼？」

費米：「我想説的是，對於已經存在了 45 億年之久的地球來説，被銀河系的其他智慧文明發現應該是個很正常的事情，銀河系中存在如此眾多的智慧文明，任何一個文明只要比我們早進化個 1000 萬年，那就應該到訪過地球，至少他們的探測器應該到訪過地球。」

約克：「有道理，如果再考慮到馮紐曼機械人的可能性，從理論上來説，智慧文明發展出馮紐曼機械人是完全合乎邏輯的事情。假設不止一個文明能進化到這種程度，我們的地球上早就應該佈滿了這種機器才對。」

費米:「可是,他們到底在哪裡呢?」

泰勒:「這麼說來,你應該相信三年前的羅茲威爾事件和最近的 UFO 報道啊。」

費米:「不,雖然我願意相信這些都是真的。但是我們搞科學的,首先應該相信的是證據,迄今為止沒有任何證明外星來物的有說服力的證據出現。更重要的是,在我看來,銀河系中的智慧文明利用無線電波互相聯繫應該是更加普遍的行為,畢竟無線電波的速度可以達到光速,如果以光速作為考量的話,那麼銀河系就不大了,再相對地球 45 億年的歷史來說,早就應該有無數智慧文明發射的無線電信號到達了地球才對。然而我們收到了嗎?沒有!迄今為止我們沒有收到任何來自太空的帶有智慧文明特徵的無線電信號。」

費米講到這裡,站了起來,深沉地看了另外三個同事一眼,說:「這真的說不通,外星人到底在哪裡呢?銀河系的尺度、擁有的恆星數量、地球的存在時間與我們找不到任何外星人的證據這兩件事情怎麼想都是矛盾的。」

上面的對話是根據當事者的回憶再加上筆者的部分演繹而來的,這就是費米悖論的原始出處。後來又有很多科學家在費米這個最初思想的基礎上進一步完善了這個悖論,並且引發了持續很久的一場關於外星文明是否存在的大辯論。在 20 世紀 80 年代,這場辯論達到了高潮。

最激進的一種觀點認為假如能自我複製的馮紐曼機械人是文明發展的必然結果，那麼這種機械人可以在相對銀河系壽命來說很短的時間內將整個銀河系殖民化，並且與當初把這些機器釋放出去的文明自身無關，不管那個文明毀滅也好，繼續發展也好，一旦第一台馮紐曼機器發射出去，那麼銀河系的殖民化進程就不可遏制了，但我們現在並沒有在太陽系內發現這種機械人，這件事情甚至比沒有收到外星人的無線電波信號更加讓人感到困惑。

四　剖析費米悖論

我們來理一下費米悖論的邏輯關係，看看費米悖論到底帶給我們一些甚麼樣的思考和知識。從前文你已經了解到費米悖論的核心思想是「人類沒發現外星人的蹤跡（簡稱觀點甲）」和「人類應該發現外星人的蹤跡（簡稱觀點乙）」相矛盾，但目前我們已經知道觀點甲是事實，這樣一來，就必須要給觀點乙做出一個合理的解釋，而觀點乙是建立在下面四項層層遞進有邏輯關係的假定基礎之上的：

A 假定：

人類文明不是銀河系中唯一的智慧文明。

B 假定：

人類文明在宇宙中只是個平庸的文明，並且我們不是第一個在銀河系中出現的文明，在人類文明誕生以前的 100 多億年中銀河系就誕生了智慧文明。人類文明也不是唯一的一個試圖與外星文明建立聯繫的文明，更不是唯一的把目光投向宇宙，發展太空技術的文明。

C 假定：

對於比我們更先進的文明而言，星際旅行並不是甚麼難以企及的技術，這些智慧文明正在執行太空擴張和殖民的計劃，他們還有可能採用會自我複製的機械人來幫助他們的星際殖民計劃。

D 假定：

即便以我們人類現在能展望的技術而言，銀河系的殖民化也能在不到 10 億年內完成，而這段時間無論是相對於地球的年齡還是相對於銀河系的年齡都不算長。

以上這四項假定層層推進，如果說這四個假定都是對的，那麼就能確定無疑地推論出「外星人應當出現在地球」這個觀點，然而基於事實，目前我們唯一理性的分析是必須否定其中的一項或者多項假定。

我們不妨一項項來分析一下，也請讀者跟我來一起思考。

否定 A 假定：

否定 A 假定顯然是最痛快地解決費米悖論的快刀，可謂一了百了，但顯然，要讓讀了本章第一節的讀者輕易地否定 A 假定恐怕是很困難的。在這樣一個浩瀚的銀河系中，並且在銀河系 100 多億年的歷史中，如果説人類文明真的是唯一出現的智慧文明，那這個宇宙也未免太乏味了。從科學的角度來説，要否定 A 假定就意味着我們一定還忽略了某些極其特殊的創造智慧文明的必要條件，而這個必要條件發生的概率要小到令人不可思議才行。

但是，從我們已經觀測到的天文證據來看，我們沒有發現地球具備甚麼絕對的獨一無二的條件，我們在上部最後一節羅列了很多證據，説明即便是在我們的銀河系中，處在宜居帶中的類地行星也一定非常多。總之，否定 A 假定實在與我們的理性思考非常矛盾。這恐怕也是絕大多數科學家都不否定的假定。

否定 B 假定：

下面我們把矛頭指向 B 假定，如果 B 假定不成立，那麼也就意味着有兩種可能性：一，人類文明就是銀河系中文明程度最高的；二，出於某種原因，所有的智慧文明在發展到可以進行星際旅行之前就一定會滅亡。

人類文明難道真的是這個銀河系中最先進的技術文明嗎？這個命題似乎很難證真，也同樣難以證偽，況且我們已有的經驗和證據在這個命題前面都少得可憐，但我們還是可以從少得可憐的已知事實中分析。我們對外星文明一無所知，所以我們只能從分析人類文明入手。我們通過已有的確鑿證據知道，地球已經存在了 46 億年，生命大概是在地球的第 10 億年左右誕生，到現在已經進化了 36 億年。那麼地球生命還將存在多少年呢？從我們現有的宇宙學知識來講，地球上的生命確定會消亡的時候是太陽即將熄滅的時候 —— 太陽大概在 50 億年後成為一顆紅巨星，那時太陽將膨脹到吞沒地球，地球也會變成一顆被烤得通紅的岩漿球。

地球還有 50 億年時間適合生命的生存（雖然這中間有可能發生小行星或者彗星撞地球的惡性事件，但這些事件都不至於完全摧毀地球生命），也就是説，一顆類地行星的壽命大致等於它的主恆星的壽命。如果有外星文明存在，那顆允許文明發展的外星球的平均壽命我們可以認為是 100 億年左右，實際上紅矮星的壽命要比太陽長得多，而我們在紅矮星周圍同樣發現了類地行星。好了，你可以看出，假如我們認為宇宙中的文明等同一個可以活到 100 歲的人的話，那麼地球文明今天是 36 歲，尚未步入中年。一個尚未步入中年的文明難道就可以成為銀河系中最先進的技術文明？要我從理性上接受這樣的結論似乎很難。

這裡還需要特別需要注意，文明的發展是加速度的。地球文明在 30 歲的時候，仍然只是生活在海洋中，長得跟螃蟹似的三葉蟲；到了 33 歲

181

時才從海洋來到陸地，變成長得跟蜘蛛差不多的昆蟲；35 歲時變成了恐龍這樣的龐然大物，然後在 35.8 歲時終於直立起來了，釋放了雙手；再到 35.95 歲時發明了文字，再接下去幾乎是每隔幾小時都會有飛躍性的進步，從發明火藥到登陸月球只不過用了幾分鐘的時間。

從人類文明的成長軌跡我們不難推測出，只要讓人類文明長到 36.00001 歲（也就是現在的 1000 年後），人類的載人宇宙飛船或許就已經可以衝出太陽系了。以我這顆想像力還算豐富的腦袋也無法想像出如果人類長到了 37 歲時將會發生甚麼，而我們前面假定的平均壽命是 100 歲。

看來只要智慧文明是在銀河系中普遍存在，那麼人類文明怎麼都沒有道理能成為這中間最厲害的文明吧。

或許人類文明真的離死期不遠了，不光是人類文明，所有發展到跟人類文明差不多程度的文明都離死期不遠了，有一道宇宙大篩子在不遠的未來等待着我們，這就是否定 B 假定的假設二，也被稱為「大過濾器假定」。這種假設你不能說完全沒有道理，看看我們今天的地球文明吧，核彈的數量加起來可以毀滅地球文明 10 多次，環境惡化導致的沙漠化每年都在吞噬大片的土地，淡水資源大批地被污染⋯⋯所有似乎都在預示着人類文明正面臨滅絕的危險。雖然我不能直接證明這個觀點的錯誤，畢竟誰也無法準確預測未來，但如果把人類看成是一個整體物種，那麼每個物種都會有生存的本能，在面臨物種滅絕的時候，生存的本能就會表現出來。我們能意識到以上這些毀滅人類文明的事件本身

就是這種生存本能的體現。因此要讓我相信人類作為一個整體會自殺的話，從理智上我無法接受。劉慈欣在《三體 2》中提出過一種叫做「文明免疫力」的概念，也就是當文明的機體被侵害到一定程度後，免疫系統就會起作用。例如當大規模的污染導致人口死亡一半的時候，人類會迅速地開始覺醒。當人類的社會體制和經濟體制出現了重大問題，導致全人類的生活水平嚴重下降時，這種「文明免疫力」也會開始起作用，人類社會從古至今就具備自我改良的特性。

想要否定 B 假定，不論從邏輯上還是理智上、感情上來說，都太難了。

否定 C 假定：

推翻 A、B 兩個假定不太容易，再來看看否定 C 假定。否定這個假定的核心思想是文明與文明之間的星際空間太大了，任何文明再怎麼努力都無法克服這巨大的距離。這個理由是有說服力的，如果銀河系中比地球文明更發達的外星文明數量在百萬數量級，假設他們是平均分佈在銀河系中，我們可以算出文明與文明之間的平均距離是數百光年，這個距離對我們來說，顯然是絕對無法逾越的距離。以人類現有的技術水平，至少要數百萬年才能到達最近的文明。哪怕只需要幾千年，也有社會學上的障礙，一個文明願意付出幾十代人的代價去飛向一個未知的世界嗎？即便是掌握了冬眠的技術，可以在整個飛行過程中保持冬眠來對抗漫漫長路，然而，這畢竟意味着這代探索者在出發以後就徹底與母星告別，與他們的親人告別，在經歷數千年的航行到達目的地

後，他們的母星文明是否還存在也成了未知數，真的有文明願意做出這樣的探索嗎？

我先從技術的角度談談我的看法。如果把人類交通工具的速度和所經歷的時間粗略地列一下，你會看到：

交通方式	速度（公里／小時）	跨越時間（年）
步行	2	-
馬車	40	1000000
火車	100	3000
民航客機	800	100
噴氣式戰鬥機	4000	40
火箭	50000	10

我們發現速度增加得越來越快，而所需要研究的時間卻越來越短 —— 當然這是一個粗略的數據 —— 我們現在的火箭發動技術差不多已經到了瓶頸，近 50 年火箭的速度並未取得實質的進步，但沒有人會懷疑人類能突破火箭發動機的技術瓶頸，一旦突破，將會迎來又一次的速度大提升。現在最有希望迎來速度大飛躍的技術是可控核聚變技術，科學家曾經按照人類經濟發展的速度和可控核聚變技術的所需資金做過估計，應該不會超過 250 年，人類就能夠掌握可控核聚變技術，從而將飛行器的速度提升到光速的百分之一。在這個速度下，人類飛往最近的外星文明所需的時間是幾百年至幾萬年這樣的概念，雖然這個時間在

你看來仍然很久遠，但這畢竟不會構成星際旅行的根本邏輯矛盾，換句話說，只要有外星文明比我們早進化幾萬年時間（這在文明進化的宇宙學尺度上是很小的），那麼他們的探測器飛臨地球至少在技術上是沒有根本性障礙的。

我再從社會學的角度談談我的看法。人類的生存範圍從行星的表面擴展到外層空間是邏輯必然，只要文明得以存續，這個發展方向是不可避免的。因為行星表面的生存空間和地球的資源是有限的，生存空間和資源很快就會被耗盡，從宇宙的尺度來說，這將會很快發生。我做個簡單的計算你就知道這有「多快」了，假設從一對夫妻開在理想化的狀況下開始繁殖後代，如果按照每年 3.3% 的比率遞增，1600 年後所有人的體積加起來就將和整個地球的體積一樣大。當然這是非常理想化的數字，真實的世界不可能是這樣的，但我只是想通過這個計算告訴你，人口的增加和資源的消耗遠比你想像的要快得多，哪怕把戰爭、疾病等等因素全都考慮進去，不出數萬年，地球肯定將無法滿足人類對空間和資源的需求。而把數萬年這個數字放到銀河系的年齡中，簡直就快得像眨一下眼睛而已。所以一旦在技術條件允許的情況下，人類必將向廣袤的太空索取生存空間和資源。在太陽系的宇宙空間中，資源的儲量是巨大的，比如說一顆直徑 1000 公里的小行星所含有的鐵礦的量就相當於整個地球的儲藏量，一顆木星的衛星（木衛二）的淡水資源量就比整個地球的海水總量還大，這不過是太陽系總物質量的滄海一粟。

因此，從生存空間和資源的這個角度來看，只要文明繼續存續，人類發

展出一個個太空城是邏輯必然，每一個太空城都生存着上百萬甚至上千萬的人口，這些太空城最理想的棲息地是火星和木星之間的小行星帶中，因為那裡有巨大的資源儲量。對於在太空城出生的人來說，宇宙空間才是他們的「家」，而地球則是旅遊勝地，隨着一代又一代「太空人」的更迭，他們對於地球家園的感覺必然與我們這些「古人」完全不同。太空城為了獲取資源，必然需要有動力裝置，可以在太陽系中移動，人類的本性也決定着太空城需要有防禦性或者進攻性的武器裝置，那麼，實際上每一座太空城就是一艘星艦，一種叫「星艦文明」的嶄新文明形式將在我們的太陽系中，沿着一條和地球文明截然不同的方式進化，當然，這種文明的根基還是人類文明。

你可以假想一下，星艦文明遍佈太陽系可能就會在數萬年以後發生，每一艘星艦都會從心理上擺脫對宇宙空間的恐懼感和離開地球的孤獨感，但同時對太陽系以外的宇宙空間越來越好奇。終於有一天，一艘滿載資源的星艦決定向另外一個恆星系出發。對於星艦上的大多數「老百姓」來說，這艘星艦到底是停留在太陽系中還是處於航行中，他們其實根本不在意，也不關心，對他們來講，太空城就是他們的全部，他們的生活、工作、娛樂全在太空城中完成，就好像很多一輩子沒有離開過家鄉的「宅男宅女」一樣，太空城航行到哪裡，他們的生活就在哪裡。

越來越多的星艦文明向着宇宙深處出發，每艘星艦的航向都不同，星艦本身也並不在乎朝哪個方向航行，因為銀河系中的恆星系基本是平均分佈的，他們每到達一個恆星系就補充資源，建造新的「星艦」，分流

人口。這些新的星艦有可能編隊一起航行，也有可能獨立選擇一個新的方向航行。

以上關於星艦文明的暢想並不是我一個人的異想天開，美國的科普巨匠阿西莫夫也認為星艦文明是人類發展的必然方向之一，至少從邏輯上來講沒有甚麼矛盾。阿西莫夫還粗略計算過，假設每隔一萬年，一艘星艦變成兩艘星艦，然後各自選擇隨機的方向繼續航行，就像是一種細胞每一萬年分裂一次的話，那麼用不了 1 億年，銀河系的每個角落都將佈滿星艦。

想要否定 C 假定依然是困難重重。

否定 D 假定：

從 C 假定開始，我們自然而然就來到了 D 假定。1 億年是多長？不過是前面假設 100 歲文明的 1 歲而已。銀河系至少已經有 130 億年歷史，就算前 50 億年因為太熱而不適合生命演化，就算銀河系的殖民化需時增加至 10 倍，10 億年也綽綽有餘了。可是為甚麼還沒有星艦文明到訪我們的地球？他們到底在哪裡？

在不否定 A、B、C 假定的前提下，能不能否定 D 假定？

就我了解的情況來看，大多數天文學家、物理學家、科普作家都認為

想要否定 A、B、C 假定比較難以說服自己的理智，他們傾向否定 D 假定。否定 D 假定的方案有不少，但最具代表性的一個恰恰是最有意思的，它是俄羅斯航天之父齊奧爾科夫斯基最早提出，然後美國著名天文學家約翰．波爾（John Ball）在 1973 年把它稱為「動物園」假說。

「動物園」假說認為外星人其實早已經到訪地球，只是出於某種暫時不為我們人類知道的原因，外星人寧願在遠處悄悄地觀察，不驚動人類，這就好像人類把野生動物關在野生動物園裡，只在遠處觀察它們，保護它們而不去干涉它們的生活。至於外星人為甚麼把人類當作動物園裡面的動物，只觀察不接觸，齊奧科夫斯基就開始語焉不詳了。他認為可能是因為我們實在太原始了，不屑與我們接觸；也有可能就像現代人第一次發現某個非洲叢林中的部落，因為不想破壞那種獨特的原始文化而不去驚動他們；當然也有可能是出於某種宇宙高等智慧文明達成的「公約」，這種公約禁止更高級的智慧文明干涉低級的智慧文明。總之，所有支持動物園假說的科學家都沒有辦法說出確切的原因，也無法舉出證據，只是他們都寧願相信某種現在我們尚無法得知的原因來阻止外星人與人類接觸，而不願意去否定邏輯上很難被推翻的 A、B、C 假定。

但所有否定 B、C、D 假定的邏輯中，都存在着一個難以解釋的重大問題，那就是為甚麼整個宇宙對於人類來說是處於無線電靜默狀態的，在第二章中我們已經了解到人類在監聽來自宇宙中的無線電波上已經努力了半個多世紀，但至今一無所獲，這就是被稱為宇宙「大沉默」的現象。即便以人類現在掌握的技術，朝 100 光年半徑內的恆星系發射

無線電波，已經不是甚麼很難的技術了，可以想像只要文明程度稍微優
於地球文明的外星文明，具備 1000 光年發射半徑的技術是完全可以預
料的。處在這個階段的文明與地球文明的發展程度是同一個等級的，
那麼與我們人類對外星文明世界感到好奇一樣，他們也應該對他們的
外星文明感到好奇，而在我們 1000 光年半徑的這個宇宙球內，我們有
理由相信應該有數百個文明存在，那麼在這個宇宙球內應該就像現在
地球上一樣充滿着各種呼叫的無線電波才對，但是現在卻是無情的「大
沉默」。我們半個多世紀的地外文明搜尋計劃幾乎一無所獲，就好像人
類身處一片黑暗的森林中，明知周圍到處都是獵人，可是每個獵人都在
潛行，不發出一丁點的聲息，這中間難道有些甚麼隱情嗎？

五　「黑暗森林」假説

中國當代最好的科幻小説作家劉慈欣在他的傳奇神作《三體》三部曲
中，提出了對費米悖論的一個解釋，這個解釋在邏輯上可以説是非常的
嚴密，讓我們在感到佩服的同時，又被他這套邏輯震撼得心驚肉跳。下
面讓我把劉慈欣的「黑暗森林」法則完整地呈現給各位讀者。

（以下故事改編自劉慈欣《三體 2‧黑暗森林》部分章節，以此表達對
大劉老師深深的敬意，您是這個時代中國最好的科幻小説家，沒有
之一。）

淒厲的警報聲響徹整艘戰艦，一個聲音在空氣中振蕩：「全體人員進入一級戒備。」

這是「量子」號宇宙戰艦，編號 1978，意味着這是人類建造的第 1978 艘「恆星級」宇宙戰艦，內部空間的總面積加起來超過 20 個足球場的大小，可以容納 2000 多名官兵。

艦長斯科特是一個 45 歲的日耳曼人，有着典型日耳曼血統的面龐，棱角分明，他的性格剛毅、不苟言笑。此刻斯科特正在艦長艙凝神看着空中顯示的 3D 影像，整個戰場的情況盡收眼底，各種數據四處跳動。

這是人類文明對三體文明第一次，也是最後一次的正面戰鬥。

三體文明是一個在距離人類 4.5 光年的三星系統中誕生的文明，這個文明的歷史比地球文明要長得多。在銀河系的尺度裡，地球文明和三體文明可以說是近在咫尺了。200 多年前，三體文明發現了地球文明，這對於正處在恆星風暴前夕，即將遭遇滅頂之災的三體文明來說，簡直就像是末日福音。三體文明幾乎毫不猶豫地向地球發出了宣戰聲明，為了自身文明的生存和延續，他們必須佔領地球，消滅人類。三體文明隨即以最快的速度組成了 1000 艘宇宙戰艦的龐大艦隊，向地球進發，艦隊主力將在 450 年後到達太陽系，而其中 10 個小小的先遣探測器將提前在 200 年後到達太陽系。

為了迎接「末日之戰」，人類經過 200 多年的積極備戰，終於也發展出了龐大的宇宙艦隊，而且戰艦的數量是三體艦隊的 2 倍多，戰艦的巡航速度和噸位都超過了三體艦隊。此時的人類已經不再懼怕三體文明，所有地球人都有着必勝的信念。面對提前到來的 10 個探測器，地球人做出了一個瘋狂但又合乎所有人類期望的決定：所有戰艦以密集編隊形式全部出動，捕獲探測器的同時向三體文明展示地球文明的龐大軍事力量，給予敵方軍事震懾的同時也給所有地球人以更強有力的信心保障。2000 多艘戰艦從木星基地起航的景象從視覺上來說，是極具衝擊力的。從地球上來看，即便是在白天也能在木星方向看到 2000 多顆小太陽成矩形排列，那是戰艦的核聚變發動機發射出的耀眼光芒。

地球艦隊首先在冥王星軌道遇到第一顆三體探測器。人類第一次用肉眼看到了外星文明的物品，那是一顆卡車大小，外形酷似完美的水滴形狀的飛行物，整個表面是完美的全反射鏡面，在漆黑的宇宙中散發着銀白色的光芒，優雅無比。然而正是這顆以人類審美眼光看來達到美麗優雅極致的水滴，其實是可怕的終極武器。水滴在與地球艦隊相遇後，就在艦隊指揮部討論怎麼防止水滴自毀的同時，迅疾發動了攻擊，地球艦隊完全沒有心理準備。

而水滴的攻擊方式簡單粗暴到了極致 —— 撞擊。

水滴撞穿第一隊排成直線隊列的 100 艘戰艦僅僅用了 75 秒。在水滴面前，戰艦的材料就像是奶酪，而水滴則是一顆出膛的子彈。當這顆子彈

高速洞穿 100 艘「奶酪」做成的戰艦核燃料箱後，戰艦就像一串鞭炮一樣，一個接一個地炸開。水滴卻沒有停止攻擊，它仍然在加速，點燃下一串「鞭炮」的時間縮短到了 62 秒。此時的地球艦隊指揮系統終於發出了第一聲警報。

量子號戰艦是距離水滴最遠的戰艦隊列中的一艘，與水滴首次發起攻擊的地方相距約 2 萬公里，但即便是這個距離，水滴飛過來也僅需 10 幾分鐘。斯科特飛速地判斷着戰場的形勢。在以往的沙盤推演和實戰演練中，地球艦隊曾經設想過上百種末日之戰的敵方戰術，也做過最壞的打算，但是當真正的末日戰爭來臨時，三體文明採用的戰術仍然出乎所有人的意料，或者説，他們根本不需要戰術。

斯科特凝神盯視了戰場分析系統一分鐘後，做出果斷的形勢判斷：這就好像是哥倫布的戰船遇上了現代的航空母艦，是一場相差一個數量級的技術文明之間的戰爭。斯科特立即下達指令，只有一個字：「撤！」艦長馬上又以最大的聲音補充了四個字：「極限速度！」

量子號戰艦的官兵是一群訓練有素的老兵團，在艦長指令下達的 10 秒內，極限速度模式已經開啟，整艘戰艦的所有載人艙迅速被一種紅色透明的液體充滿，這是一種富含氧氣的液體，人類可以在裡面自由呼吸。當艙室完全被液體充滿後，戰艦就進入「深海」狀態，此時艙內人員的體內都將充滿這種液體，使內外壓強平衡，就可以抵禦 100 多個 g 的加速度。這個原理和深海中的魚類可以抵禦幾千米深的水壓一樣。

量子號的核聚變發動機發出數十個太陽加起來般的強烈光芒，以 120g
的加速度猛然脫離艦隊方陣。與量子號幾乎同時啟動極限速度的還有
距離量子號不遠的戰艦青銅時代號。

青銅時代號和量子號戰艦成為了末日戰爭中地球艦隊倖存的兩艘戰艦。
水滴就像魔鬼手上的一根針，在漆黑的宇宙中上下翻飛，穿過之處唯一
留下的只有死亡。地球艦隊的 2000 多艘戰艦在 2 小時不到的時間中，
全軍覆沒。當一切重新歸於平靜後，水滴又優雅地勻速航行在太空中，
看起來就跟靜止一樣，完美無瑕的鏡面表面仍然是那麼地完美，沒有一
絲一毫的改變。

「現在可以幫我接通量子號了。」青銅時代號的艦長章北海跟通信官發
出指令。章北海 40 歲，他與斯科特一樣，在戰鬥警報發出後一分鐘內
做出了正確的判斷：為人類完整地保存一艘戰艦是唯一能做的事情。
因此章北海也果斷地下達了極限速度逃跑的命令。

斯科特：「章將軍，我們是僅存的兩艘。」

章北海：「我已經知道了，這不是戰爭，這是一場屠殺。」

斯科特沉默。

章北海：「斯科特將軍，恐怕我們已經回不去了。為人類文明的生存和

延續是我們現在唯一的使命，完成使命是我們軍人的天職。」

斯科特：「是。」

章北海：「我建議立即召開兩艦的全體官兵大會，討論我們的下一步計劃。」

斯科特：「同意。」

量子號全艦有 2103 名官兵，青銅時代號全艦有 2076 名官兵，兩艦的所有官兵的男女比例大約是 7：3，平均年齡 28 歲。現在每一個人面前都開啟了虛擬 3D 影像，通信兵特意設計了一個仿造地球上古老議會大廳的場景，使每個人都有身臨其境的感覺。

兩艘戰艦副艦長以上的軍官在主席台上「就坐」。

章北海：「我是青銅時代號的艦長章北海，目前我們面臨的情況想必所有人都已經清楚了。人類不得不承認我們的技術文明與三體文明比起來，尚處於嬰兒期。三體文明一個小小的探測器就消滅了地球聯合艦隊。而在這顆探測器的後面，還有另外的 9 顆探測器，在之後後還有 1000 艘三體文明戰艦。地球文明的戰敗已經無法挽回，而我們這 4179 個人必須肩負起延續人類文明的重任。地球已經回不去了，我們只能不斷地航行再航行，戰艦就是我們唯一的家園。我知道這對每一個人

來說，都是一個難以接受的現實，但我們是軍人，完成使命是每個軍人的神聖職責，我們現在的使命只有一個：為人類保存文明的火種，尋找下一個地球。」

斯科特：「章將軍說的就是我想說的。補充一句，那些沒有消滅我們的東西使我們變得更加強大。」

章北海：「我們今天召開全體大會，要以全民公決的方式決定我們是否正式脫離原有的人類社會，而成為一個新的獨立政體，一個新的國際社會。現在請大家表決。」

10 秒後表決結果出來了 —— 全票通過。

章北海：「從現在開始，我們將是一個獨立的國際社會，首先我們需要確定一個我們這個社會的名稱。請大家輸入你希望的名稱。」

在指揮艙巨大的虛擬影像中開始出現各種各樣名稱，但是很快地，有一個名字越來越顯眼，越來越大：

星艦地球。

從此人類分成了兩支，一支叫做地球國際，一支叫做星艦地球。地球國際的人口為 125 億，星艦地球的人口為 4179。但是所有地球國際的人

類卻陷入了集體的末日恐慌中，而星艦地球的人類則開始了創世紀的工作。

最初幾週，星艦地球處於集體的興奮和忙碌中。他們首先選出由 50 人組成的臨時憲法起草委員會。由這 50 人來制定星艦地球的政體、憲法、綱領以及領導機構。星艦地球的全體成員也都沉浸在創造新世界的激情裡，他們熱議着屬於他們自己的這個人類社會的各種話題，兩艘戰艦的官兵進行了充分的交流，親如一家。雖然大家都知道，按照目前的巡航速度，要到達下一個恆星系至少還需要 2000 年時間，但所有人都期待着星艦地球就像一個文明雪球的內核，隨着戰艦達到一個又一個星系，文明雪球會越滾越大，人類文明也會重新繁盛起來。星艦地球很快又獲得了一個別稱：伊甸園。人們相信這就是人類的第二個伊甸園，亞當和夏娃會逐漸繁衍出繁茂的人類文明。

然而這樣的情況並沒有持續多久，一種很奇怪的現象開始在人們不知不覺中慢慢地發生。

首先是兩艘戰艦的艦長斯科特和章北海。他們本該是最忙碌的兩個人，但斯科特卻越來越不愛說話，他本來話就不多，現在就更少了，經常一整天都把自己關在指揮艙中，只在吃飯的時候出來默默地吃個飯，然後又消失在人們的視線中。章北海一直就是一個爽朗的典型軍人，願意與下級官兵交流，但是他也變得越來越沉默，雖然還不至於把自己天天關在指揮室中，但艦上的所有官兵都明顯感到章北海一天比一天變得

沉默，目光一天比一天變得深沉。

斯科特和章北海的沉默症就像一種傳染病，僅僅一週後，就開始自上而下向副艦長們傳染，很快就傳染到了臨時憲法起草委員會的每個人身上。這些委員們基本都是中校以上軍銜的軍官，在各自的戰艦上都起着舉足輕重的地位。他們統一的反應就是話越來越少，在各種會議上主動發言的人也越來越少，他們的眼神也變得越來越陰沉，同時每個人都害怕別人注意到自己目光中的陰霾，不敢與人對視，在偶爾的目光相遇時，也會像觸電一樣立即移開。這種症狀正在逐步向下級軍官中蔓延。

青銅時代號心理醫生藍西早就注意到這種狀況，他的職業敏感度使他意識到這是一個非常嚴重的問題，很有可能會是致命的。藍西開始以為是思鄉症，畢竟這是人類歷史上第一次永不歸航的航行。過去所有的宇宙飛船都是風箏，被一根從地球伸出的無形的線牽着，不論航行時間有多長，船員們都知道遲早要返航。但這次牽着的線斷了 —— 人類第一次真正意義上的進入太空。

但藍西很快就發現自己錯了。戰艦現在離開地球不算遠，跟地球的通訊良好，每個船員都可以方便地通過國際互聯網來了解地球的情況，與家人聯絡。只是目前整個地球的情況非常不好，所有人都陷入末日恐慌中，誰都不知道水滴下一步會發動怎麼樣的攻擊，凡是飛離地球的航天器無一不被水滴輕鬆摧毀。因此經常有艦隊官兵的家人為他們能逃

離地球而感到慶幸，並且鼓勵星艦地球的成員勇敢地生存下去。在這種情況下，思鄉症肯定不是造成目前這種狀況的原因。最蹊蹺的是一般心理問題都是從最下層士兵開始出現的，軍官往往都是千里挑一的人才，各方面素質都會比普通士兵更好。但這次卻剛好反了過來。藍西不能坐視這種惡夢蔓延，他決定先去對副艦長進行心理干預。

青銅時代號的副艦長叫東方延緒，一個成熟、美麗的女性，但是陽光已經從東方延緒的眼神中消失了。當藍西好不容易找到東方的時候，東方正獨自一人在戰艦尾部的農作物生產基地裡看着一個個培養槽沉思。

藍西：「東方艦長，能跟我聊聊嗎？」

東方：「藍西上尉，我知道你想問甚麼。有些事情……還是不說的好。」

藍西：「可是如果這種狀況無法得到改變，恐怕星艦地球將很快成為一艘幽靈戰艦。」

東方：「幽靈，藍西，至少那還有靈魂在。」

藍西：「您這是甚麼意思？」

東方：「我們是首批真正踏入太空的人類，太空的可怕遠在我們的想像之上，我想，我們已經不再是過去的人類了。」

藍西：「是，我們是屬於星艦文明的新人類。」

東方：「不，藍西，我們是非人類。」

藍西：「非人？」

東方：「我累了，藍西，我們就談到這裡吧。」

藍西見東方實在不願意多談，只好滿腹狐疑地離開。就在踏出艙室大門的時候，聽見東方延緒的聲音從身後悠悠地傳來：「很快就會輪到你了，藍西。」

藍西渾身一震，感到一股寒意。

就在藍西和東方延緒結束這段對話後的一個小時，一個驚人的消息傳來：量子號艦長斯科特自殺了。

當通訊官急匆匆地把這個消息傳遞給章北海時，沒想到章北海僅僅是淡淡地回了句：「知道了」，然後默默地朝量子號的方向敬了一個軍禮。

斯科特是在艦尾的瞭望平台開槍自殺的。從監控系統記錄下來的影像可以看到，斯科特站在平台上，長時間看着遠方一個比星星略微亮一點的黃色光點 —— 那是太陽。就這樣，斯科特站着一動不動地足足有一

個小時，突然，他說了一句：「真黑啊！」便舉槍自盡了。

東方延緒在得知斯科特自殺的消息後，沉默了 10 分鐘，一句話也沒有說，臉色開始凝重起來，她轉身朝艦長艙室走去。

叩開了章北海艙室的門後，東方延緒和章北海無聲無息地對視著，身後的艙門自動關上了。

兩人誰也沒有先說話，只用眼神交流著。

東方延緒：沒有時間了，必須做出決定了。想出辦法了嗎？

章北海：沒有。顯然，斯科特也沒有。

東方延緒開口說道：「或許，我們可以在進入巴納德星系後用武器轟擊小行星帶，形成濃密的星際塵埃進行減速。」

章北海：「不可能，東方，先不說巴納德星系有沒有小行星帶。按照我們現在的速度，如果沒有足夠的燃料減速，沒有甚麼東西能阻止我們直接掠過巴納德星。而且在我們現在的航線上，還有兩片星際塵埃，如果不消耗燃料維持速度，我們的巡航速度將被阻力減小到光速的千分之一，那麼我們到達巴納德星系的時間將從現在的 2000 年增加到 6 萬多年，或許我們的星艦能滑行到那裡，但是肯定沒有甚麼人能活著達到那

裡，這個時間遠遠超過了戰艦維生系統的設計使用年限。」

核聚變燃料就是戰艦在宇宙中能量的唯一來源，而能量是維持整個戰艦生態系統所必須的，燃料用光意味着星艦地球將成為一座墳墓。在到達巴納德星系的 2000 年航程中，除了維持生態系統和冬眠系統所必須的能量外，最大的消耗來自於穿過星際塵埃後的重新加速和到達目的地後的減速。以現在兩艘戰艦所儲存的能量來計算，馬上把兩艘戰艦的所有燃料集中到一起，剛夠所需。

東方延續：「除了燃料，還有配件問題。」

章北海：「是，每艘戰艦都只有一套配件備份，這是不足以支撐 2000 多年的航行，只有把其中的一艘戰艦肢解當作配件或許勉強夠用。」

東方延緒：「看來只能把兩艦的人員集中到一艘上去了。」其實東方延緒明知道這是不現實的，她早已經設想過無數種解決方案。但她仍然抱着一線希望徵詢章北海的答案。

章北海歎了口氣，説：「東方，如果能行的話，斯科特還會自殺嗎？戰艦的生態維持系統和冬眠系統都不可能再多容納哪怕一個人了，即便是以目前戰艦的編制，也超過了超遠距離航行的上限，我們的人員已經太多了。」

茫茫太空為量子號和青銅時代號設下一個生存死局，這個死局的出路只有兩條：要麼一部分人死，要麼全死。

又沉默了幾分鐘。

東方延緒：「我自願犧牲。」

章北海說：「我也願意，可是，我們有權利替戰艦的其他 2000 多名官兵做出選擇嗎？」

其實兩個人的心理面都不約而同地在想：既然犧牲一半不可避免，那為甚麼是我們，有誰真的甘心放棄生存的希望呢，為甚麼被逐出伊甸園的人是我們呢？

兩人的眼神再次碰在了一起，誰也不願意說出口，但是眼神已經說明了一切，他們都在想一個詞：次聲波氫彈。

次聲波氫彈是宇宙戰艦的標準武器裝備，它在戰艦附近 50 公里內爆炸的話，會在艦體內產生強烈的次聲波，殺死一切生物體，而對戰艦的設備不會有任何損壞。

東方延緒一扭頭，低聲說：「不行，這太黑暗了，我們已經快成了魔鬼了，怎麼能這麼想。」

章北海：「但是，我們並不知道他們會是天使還是魔鬼。」

東方延緒：「那也只有魔鬼才把別人想成是魔鬼。」

章北海：「是的，但是問題並沒有解決。即便我們知道自己是天使，我們也認為對方是天使。可是我們還是無法知道他們怎麼想？他們會把我們想成天使還是魔鬼呢？」

東方延緒：「我明白你的意思，即便他們也會把我們想成天使，但問題仍然沒有解決，我們不知道他們怎麼想我們怎麼想他們，這個循環還可以繼續往下，我們不知道他們怎麼想我們怎麼想他們怎麼想我們……以至於無限。這是一條長長的沒有盡頭的猜疑鏈。」

章北海：「要是換了其他事情，我們自然可以通過交流來打斷這條猜疑鏈，但是在生存死局面前，交流無效，無論如何，要麼死一半，要麼全死，這是注定的結果。」

東方延續：「真他媽的黑啊！」這可能是美麗善良的東方延緒這輩子說過的唯一一次髒話。

章北海：「斯科特自殺了，或許只是一種責任的逃避。時間不多了，該發生的事情每一秒鐘都有可能發生。東方，我知道你下不了手，讓我來吧，我願意替艦上的所有官兵帶上枷鎖。」章北海已經下定決心，發射

次聲波氫彈後就追隨斯科特而去。

章北海說完這句話，手就沒有停下來，他在空中調出了武器控制系統的3D虛擬界面，雖然操作的很慢，但是每一步都準確無誤。

東方延緒看著章北海的操作，淚水已經奪眶而出，她閉上了眼睛，黑暗籠罩了她的整個世界。突然，全艦響起了淒厲的警報聲，空氣中振蕩著一個聲音：「警報，警報，導彈來襲！」僅僅4秒鐘後，當東方延緒再次睜開雙眼的時候，她看到的是一陣炫目的亮光，戰艦上的一切都逐漸隱沒在了這道強烈的炫光中，最後消失的是章北海看著東方延緒的眼睛。章北海咧著嘴朝東方延緒笑了一下，說出幾個字：「其實都一樣。」

兩顆次聲波氫彈在距青銅時代號很近的地方爆炸，整個青銅時代號就像蟬翼一樣振動了起來，血霧瀰漫了整個戰艦。

在長達一個多月的對峙中，章北海和量子號的決定僅僅相差了幾秒鐘而已。

這次發生在距離地球100個天文單位左右的戰鬥史稱：黑暗戰役。

黑暗戰役的過程被處於地球衛星軌道的太空望遠鏡全程記錄了下來。當地球上的人們通過電視看到量子號突然向青銅時代號發射次聲波氫

彈的那一幕時，所有的人都震怒了。國際社會立即發表聲明：星艦地球被永久逐出人類文明的體系，他們是人類文明的恥辱。在民間，量子號被稱為「黑暗號」，量子號上的所有人被稱為「黑暗一族」。

從遙遠的地球上看過去，量子號和青銅時代號不過是兩個性質相同的「點」而已，在生存死局面前，不是量子號成為黑暗號，就是青銅時代號成為黑暗號，這兩個點的性狀沒有甚麼區別。

在宇宙的尺度中，不論是地球文明也好，三體文明也好，無非也就是一個個的「點」，文明的細節已經被遙遠的距離所抹去了。

宇宙公理一：生存是文明的第一需求。

宇宙公理二：文明不斷擴張，宇宙中物質的總量保持不變。

這就是我們這個宇宙為所有文明設定的兩個最基本的法則。沿着這兩個公理往下推演，我們很容易發現，如同量子號和青銅時代號的生存死局必然在兩個文明的碰撞和接觸中重演。要麼活一個，要麼全死。

難道就沒有可能攜起手來，共同向廣袤的宇宙索要資源，尋找更大的生存空間嗎？

不可能，別忘了「猜疑鏈」。

我們不妨把惡意文明定義為「會首先發動攻擊的文明」，善意文明定義為「不會首先發動攻擊的文明」，那麼兩個文明的接觸產生三種可能：善惡碰撞；惡惡碰撞；善善碰撞。前兩種情況的結局不言自明。即便是在最後一種情況下，戰爭也不可避免。因為我怎麼知道你是善意的，即便我知道你是善意的，我怎麼知道你怎麼想我，我又怎麼知道你怎麼想我怎麼想你……循環以至無窮。在人類中，有效的溝通可以中斷猜疑鏈，但我們也經常看到，人與人之間的種族差異、文化差異越大，這個猜疑鏈就會拉得越長，越難以打斷。而兩個不同的宇宙文明之間，甚至構成生命的基礎元素都是不一樣的，他們之間的猜疑鏈會被拉得無限長，幾乎不可能通過交流打斷，誰也無法判斷對方會不會說謊。

那麼，一個先進得多的文明與一個原始落後的文明也無法和平共處嗎？

沒法和平，別忘了文明中還有「技術爆炸」這種現象。

回想一下我們人類文明的技術發展 ——「發展」這個詞已無法形容，簡直就是一種「爆炸」—— 從馬車、汽車、飛機到火箭，從大刀長矛、火炮到核彈，這樣的技術發展道路，如果用一根橫軸是時間單位的曲線來表示的話，這根曲線與爆炸的能量釋放曲線是一樣的。工業文明彷彿就在一夜之間炸開了。文明與文明之間的距離往往都是在上百光年的尺度上，哪怕是來回發個電報，也得數百年的時間，所以一個先進文明稍稍一放鬆，那個原始落後的文明很可能就一下子爆炸出來，超過先進

文明。更何況，先進文明與原始文明的接觸說不定恰恰就成為了原始文明爆炸的導火索。

因此整個宇宙就是一個黑暗森林，每個文明都是一個帶槍的獵人，潛行在黑暗中，要讓自己生存下去的最好辦法是開槍消滅所有暴露位置的獵人。而現在的人類就像是在黑暗森林中生火的小孩，一邊生火還要一邊大聲叫嚷，生怕別人不知道自己在哪裡。

黑暗森林概念創意

207

不過隨着人類文明的發展，我們首先會進化出「隱藏基因」。在沒有實力開槍之前，先把自己藏好是唯一能做的事情，森林中有多少獵人我們不知道，每個獵人攜帶的武器的威力我們更不知道，我們只知道不要讓人發現才是王道。

這個隱藏基因我們已經看到苗頭了。現在全世界越來越多科學家反對 METI 計劃。

或許一萬年以後，我們也會進化出「清理基因」，為了人類文明的生存和延續，就必須消滅隨時有可能技術爆炸後消滅我們的落後文明。

以上就是科幻作家劉慈欣的黑暗森林法則，就是對宇宙大沉默的解釋，就是對費米悖論的解釋，外星人之所以還沒有來，那只是因為我們還存在，我們還沒有被消滅。

真他媽的黑啊。

六　對「黑暗森林」假説的思考

根據我的仔細考證，用「黑暗森林」法則來解釋費米悖論確實是劉慈欣的「準」原創，為甚麼要加一個「準」字，因為美國科幻作家大衛・布林

在他的作品中，曾經提出一種人類尚不知道的危險的存在，導致我們的宇宙對於地球人來說處於一種「大沉默」的狀態。這是我能查到的最接近「黑暗森林」法則的觀點了。

首先我必須承認，「黑暗森林」這個概念非常的酷，也很有思想深度，尤其是它的推導過程很精彩。它採用了科學中的公理演繹法，這種方法的力量是非常強大的，遠遠強過大多數的哲學思辨方法。歐幾里得用這種方法建立了名垂千古的歐式幾何，愛因斯坦也用這種方法建立了世界上最美的理論 —— 相對論。據科幻圈子中的一位專業人士透露，大劉曾經親口說過，他是在一次業績評議會中突然想到了這個「黑暗森林法則」，把自己開心得手舞足蹈。

經常有人會問我怎麼看「黑暗森林法則」。

我認為作為科幻小說的核心創意來說，已經可以打 100 分了，堪比阿西莫夫的機械人三定律。但如果想成為一個理論，當然就不夠強。這是因為：

第一，「黑暗森林法則」的推導過程中，其實隱含了一個沒有寫出來的前提，就是「宇宙中資源的總量已經顯現出不夠文明使用的跡象」，少了這個前提，後面的推論就不是順理成章的。比如說劉慈欣為寫「黑暗森林法則」之前做的鋪墊，也就是那兩次發生在太空中的黑暗戰役，假設所有的飛船都帶有足夠多的資源，那麼黑暗戰役就不會發生。我們

其實可以用數學中的反證法來推出「黑暗森林法則」與已知的天文觀測事實有矛盾。假設「黑暗森林法則」成立，那麼就可以推出一個結論：宇宙中有海量的文明，且已經存在了足夠長的時間。繼而可以推出：海量文明對宇宙中的資源已經使用了足夠長的時間，資源對於文明來說是稀缺的。但問題是，這個結論和人類的天文觀測事實矛盾，我們看到的是宇宙中的資源是極為豐富的，無數的恆星的能量都在白白的流失，假如恆星的能量能夠被高級文明大規模地採集，那麼就一定會產生可觀測的效應，例如戴森球效應。雖然，我也承認，這個反證過程也不夠強力，但至少能夠說明「黑暗森林法則」的推導過程並不是非常強力的數理邏輯。

第二，我們再從博弈論的角度來看宇宙社會學，得出的結論與「黑暗森林法則」也部分矛盾。我們如果把宇宙中無數文明的生存競爭看成是一個博弈過程的話，那麼了解博弈論的讀者都可以聯想到地球上生物競爭中的博弈關係。在生物學中，有一個非常有趣的進化模型，在一個種群中，善於競爭的鷹派和善於合作的鴿派在生存競爭中哪個更有優勢呢，最終剩下的是鷹派還是鴿派呢？最後的結論是，鷹派和鴿派在長期的生存競爭後，剩下的比例穩定在 61：39。特別提請大家注意的是，博弈論是一門非常嚴謹的學科，在生物學上的應用有大量的觀測數據支持。所以按照博弈論的觀點，在宇宙中惡意文明和善意文明的最終比例應該穩定在 61：39。而「黑暗森林法則」認為宇宙中每個文明都是帶槍的獵人，隱藏自己，清理異己。

第三，以上兩條是我自己的觀點。不同學者對「黑暗森林法則」也提出了很多質疑的觀點，有社會學者認為，生存不一定是文明的第一需求，可持續的生存才是文明的第一需求，因而文明發展到一定程度後，會約束自己的擴張。物理學家李淼認為，劉慈欣的公理二，也就是宇宙中物質的總量保持不變也不夠堅實，目前的天文觀測並沒有證實宇宙中物質的總量不變，很可能是在不斷增加中，也很可能物質的總量是無限的。也有學者認為猜疑鏈的觀點未必正確，越是高等級的文明，越容易達成互信，也具備越多的手段來阻斷猜疑鏈。另外一個有意思的觀點是，猜疑鏈假如是正確的，那麼得出的結果應該是不要首先攻擊對方，因為你怎麼知道對方的實力就一定比你低？既然有猜疑鏈，那麼你所得到的信息很可能是偽裝的，貿然發動攻擊反而是不明智的策略。還有學者認為，只要是涉及到有自由意志的文明之間的關係，就無法用簡單的數學模型來描述，宇宙社會學必須涉及到「意義」，這裡的「意義」指的是心理、文化、感情等無法量化的東西，沒有甚麼東西可以稱之為「必然」。

以上三點就是我對「黑暗森林法則」的一些認識。最後一點是，即便「黑暗森林法則」是正確的，也不能完全解決費米悖論。因為宇宙文明數量的巨大，必定會有一定概率使某個文明技術的發展，與宇宙社會學的發展不同步，就好像我們地球人在上世紀六七十年代，頻繁地對太空發射主動呼叫外星文明的電波，而開始意識到宇宙可能很危險，發射電波的行為很愚蠢，卻是最近這二十年的事情，這就是我說的不同步。只要有這個幾率存在，那麼我們還是可能收到別的「愚蠢」文明的無線電波。我說這些絕不是對大劉的吐槽，相反，我本人非常喜歡作為科幻核心要

素的「黑暗森林法則」，喜歡程度與機械人三定律一樣。但我們都知道，真實的人工智能研發並不遵循機械人三定律，科幻畢竟是科幻。我也不相信宇宙中每個文明都是帶鎗的獵人，地球一旦暴露宇宙座標，馬上就會遭致黑暗森林打擊。我更願意相信鴿派文明的數量要遠遠大於鷹派文明的數量。

七　宇宙珍稀動物

看來費米悖論仍然是一個悖論，但我寧願回到更為簡潔一點的解釋，那就是否定 B 假定：在宇宙中，像人類這樣的文明實在是太稀少了，而宇宙空間又如此大到不可思議，所以地球文明和外星文明不是不會接觸，而是尚需等待。

像人類這樣的生命在宇宙中到底得具備多少嚴苛的條件才能誕生呢？我們不妨來梳理一下。

太陽

沒有太陽就不可能有地球的存在。雖然太陽在銀河系中只是幾千億顆恆星中的一顆，但並不是每顆恆星都能造就像地球這樣生機勃勃的行星。

首先太陽的質量不能太大。根據我們已經掌握的恆星模型，質量越大的恆星雖然擁有的核燃料氫的數量也越多，但熱核反應的速度也越快。太陽的這個質量可以穩定地燒 100 億年左右，而目前僅僅燃燒了 50 億年。當一顆恆星進入到穩定的熱核反應階段時，我們稱之為恆星的主星序階段，這顆恆星就被叫做「主序星」。如果是一顆比太陽質量大 70 倍的恆星，主星序階段僅僅能維持 50 萬年左右。哪怕是只比太陽質量大 10 倍的恆星，主星序階段持續的時間也只有數百萬年而已。而我們都知道地球首先要經過 10 億年才能慢慢冷卻成為允許生命誕生的行星，再經過 10 億年才能出現海洋、大氣等生命的溫床，以及最基本的生命形式，再經過 20 多億年才能從單細胞生命進化成人類這樣的智慧文明。阿西莫夫認為我們必須要能夠在主星序上至少待上 50 億年，這是文明發展所需要的最低限度。那麼如果以 50 億年為標準來計算，我們可以得出結論，凡是大於太陽質量 1.4 倍以上的恆星都不可能孕育文明，或許能出現生命，但並不足以進化出像人類這樣的技術文明。我們每天晚上都能在頭頂見到的那顆明亮的天狼星，他的主星序只能維持 5 億年左右，因此我們不能指望在天狼星系能找到智慧文明。

太陽的質量也不能太小。如果太陽的質量很小，地球要獲得足夠的熱量，就必須要離太陽近得多。則太陽對地球產生的潮汐效應將會非常顯著，這種潮汐效應的最終結果，是使地球的自轉周期不久就和公轉周期一致。所謂的潮汐效應就是由於萬有引力隨着距離的增大而衰減，因此月球對地球「正面」和「背面」的引力會不一樣，面對着月亮的這

面，地球水域就會鼓起來一點，又因為地球不停地自轉，所以當鼓起來的海水轉動到海岸時，就形成了大潮水，故而把這種引力差稱之為潮汐力。所以潮汐效應其實跟潮汐沒有關係，只要是兩個互相靠近的天體，就會由於萬有引力的大小不均衡產生「潮汐力」。

潮汐力引起天體上岩石的膨脹和摩擦，最終會轉換成熱量釋放，在能量守恆規律的支配下，天體只能不斷地減慢自轉速度來補償損失的能量。潮汐效應的結果是，小的星體最終會把它固定的一面朝向它繞行的大天體，這是康德最早在 1754 年提出來的，解釋了為甚麼月亮永遠只有一面對着地球。在人類後來對火星衛星、木星衛星的天文觀測中，也證實了這個理論。那麼地球為甚麼現在還不會永遠一面朝着太陽呢？原因就在與太陽離地球相對較遠，潮汐效應比較弱，地球存在的這 40 億年時間還不足以使得地球的自轉周期和公轉周期達到一致。但是我們精確的測量結果證實了地球的自轉速度每天都在減慢 0.000000044 秒，相當於每 100 年會減慢 0.0016 秒。根據古生物年輪的精確測量，我們也可以計算出，10 億年前的地球，一天是 21 小時，而不是現在的 24 小時。因此我們可以得出結論，如果太陽的質量比現在小很多的話，那麼地球很快會變成永遠有一面是白天，一面是夜晚，那麼永遠是白天的那面會慢慢累積太陽的熱量，從而使得所有的海水都沸騰。而永遠是黑夜的那面則會寒冷得讓所有的水都永久冰凍。在這樣冰火兩重天的地球上，很難想像可以進化出人類這樣的技術文明的。

太陽還必須是一顆第二代恆星，才有可能孕育生命。早期的宇宙，只有氫這一種元素，當氫元素慢慢聚集到足夠多的時候，由於壓力產生高溫最終點燃了熱核反應，氫燃燒成了氦，於是宇宙中最初的恆星誕生了。此時在第一代恆星系中，僅僅只有氫和氦這兩種元素，顯然是無法孕育生命的。一顆質量介於太陽 8 到 25 倍之間的恆星，在生命最後階段會以劇烈爆炸的形式結束自己的生命，這就是超新星爆發。超新星爆發除了產生巨大的閃光和能量外，還會產生大量的重元素，也就是氫和氦以外的所有我們已知的自然界元素。從我們目前掌握的理論知識來看，這些元素都是誕生於超新星爆發。超新星爆發後會形成星雲，也就是散落在宇宙中的氣體和塵埃，這些氣體和塵埃在萬有引力的作用下慢慢聚攏，形成新的恆星和圍繞恆星運轉的行星，這就是所謂的第二代恆星。也只有在第二代恆星的周圍，我們才能找到像地球這樣充滿重元素的行星，也才有可能誕生生命。在我們肉眼可見的夜晚的星空中，絕大多數恆星要麼是明亮的第一代恆星，要麼是已經進入暮年的恆星 —— 紅巨星。

最後，我們的太陽是一個單恆星系統，這又是另一個幸運。銀河系中有三分之二以上的恆星都是雙星系統，要麼是靠得很近的兩顆恆星互相環繞着轉，要麼就是一顆較小的恆星繞着另外一顆較大的恆星旋轉。最近的一些研究表明，兩個恆星之間的距離至少是 50 個天文單位（地球和太陽的平均距離稱之為一個天文單位）才可能形成行星。

地球的位置

地球真是處在一個絕佳的位置，離太陽既不近也不遠，平均溫度是溫暖宜人的 20 多度，而且剛好允許液態水的存在。天文學家把允許液態水存在的區域稱之為宜居帶。如果地球離太陽再近 30%，就會成為現在的金星。這是一個地獄般的星球，表面溫度高達 500 攝氏度，被一層厚厚的二氧化碳和濃硫酸組成的雲包裹着。這樣的星球不可能有液態水的存在，更不要說能夠發展出智慧文明了。如果地球離太陽再遠50%，就會成為現在的火星，表面的平均溫度只有零下 55 攝氏度，別說水了，連二氧化碳都凍成了乾冰。或許火星上能夠出現低等微生物，但是在這樣嚴苛的環境下，想要出現人類這樣的智慧文明是幾乎不可能的。

一顆行星處在宜居帶還不足以進化出智慧文明，還必須能穩定地呆在宜居帶上至少幾十億年，這就是所謂的「持續宜居帶」的概念。一顆行星要位於宜居帶已經是相當不容易的事情，還要再進一步地能夠持續位於宜居帶上，就更是難上加難。1978 年天體物理學家米高·哈特做了一個模擬計算，如果地球與太陽的距離遠 1%，在地球演化史上將會出現一個不可逆轉的冰期，地球會越來越冷；如果距離近 5%，則可能出現一個不可逆轉的溫室狀態，地球會越來越熱。假若地球的軌道更扁一些，上述的距離限制會更加嚴格。雖然哈特的計算遭到一些學者質疑，但是質疑也不過是對這個百分數在個位數字上的修正。如果我們把太陽系比作一個足球場的話，那麼你用一把美工刀在足球場的中

心區域刻一條細細的劃痕圈，這個圓圈就相當於宜居帶了，一顆行星要想恰巧落在這樣一個宜居帶中，概率顯然是非常的小。

我們的地球還以一個近乎完美的圓形公轉軌道繞太陽運行，雖然理論上這是橢圓，但偏心率只有 0.017，也就是說地球的近日點和遠日點差別實在不大。這樣地球接收到的太陽熱量在公轉的一年中不會有太大的變化，地球得以保住一個變化幅度相對不大的溫度條件。過去的天文學家，在發現太陽系中大部分行星的公轉軌道的偏心率都很小時，以為這是宇宙中最普遍的現象。可是隨着這幾年發現的太陽系外行星日益增多，才知道原來宇宙中其他恆星系並不都像太陽系一樣，大部分系外行星的公轉軌道都很扁，近日點和遠日點的差別非常大，反倒是太陽系顯得非常特殊。

地球的質量、體積和構造

地球的質量大約是 60 萬億噸，這個質量對地球生命的形成有着決定性的意義。地球的質量決定了萬有引力的大小，而萬有引力的大小決定了地球能夠吸引住多少大氣。如果地球再輕一點，那麼地球上的大氣將會變得非常稀薄，甚至完全沒有大氣。如果行星的大氣非常稀薄，就意味着氣壓很低，而氣壓低，水的沸點就低，在一顆液態水很容易沸騰的星球上是不可能產生複雜生命的。而地球如果更重一點，那麼就會吸引住更多的二氧化碳等溫室氣體，溫室氣體會導致行星表面的溫度不斷升高，最終失控，地球的近鄰金星就是最好的例子。

一顆行星上大氣的形成與行星的質量有着密切的關係，只有合適的質量才能誕生合適的大氣。而大氣對於生命來說，不僅僅是提供了適宜的溫度那麼簡單，大氣還擋住了來自太陽的強烈紫外線，而紫外線是我們目前已知所有生命的殺手，這是因為生命構成的最基本物質 —— 核酸很容易吸收紫外線的能量，能量吸收到一定程度就會沸騰分解。大氣還保護了地球免受隕石的攻擊，大部分的隕石在進入地球大氣層後，都會因為與大氣摩擦而燃燒，形成流星。如果行星的大氣稀薄，那麼無數微小的隕石就會像無數微小的子彈一樣轟擊地球，我們將生活在真正的「槍林彈雨」中。大氣還供所有的生物呼吸，呼吸的實質其實是生物體攝入的能量和物質與自然界進行交換的過程，這是任何生命想要發展必不可少的行為。

地球的體積大約是 1 萬億立方千米，這個體積也是恰到好處的。為甚麼這麼說？因為我們知道所有的行星都幾乎是完美的球體，而球體的體積一旦確定，那麼表面積也就確定了，地球的表面積大約是 5 億平方千米。這個表面積的大小正合適，使地球散熱的速度和吸收熱量的速度差不多維持一個動態均衡。如果表面積再大一點，則地球的散熱會過快，導致夜晚將變得非常寒冷。如果表面積再小一點，則會使過多的熱量無法散去，而累積起來，使星球越來越熱。當然，地球的海洋對於地球溫差的維持也起到了關鍵作用。但從宏觀的角度來說，行星首先要有一個合適的體積和合適的自轉速度，才能維持一個變化幅度相對較小的溫差。

地球的核心是滾燙的岩漿，而岩漿的主要成份是鐵，這又是一件萬幸的事情。隨着地球的轉動，地核也是轉動的，這樣就產生了電流，而電流在地球內部的環繞流動產生了巨大的磁場，這就是地磁場。我們的指南針之所以能工作，候鳥之所以能準確地長途遷徙都是因為地磁場的存在。不過地磁場存在對生命的意義絕不僅僅只是導航，它是生命的保護傘。每天太陽都把大量的高能帶電粒子拋射出來 —— 我們稱為太陽風，這些高能帶電粒子如果直接轟擊到生命，則 DNA 的雙螺旋結構會被打得粉碎，生命不可能在太陽風的猛吹下得以進化。正是地球磁場保護了地球上的所有生物免遭太陽風的正面襲擊，來自太陽的帶電粒子被地球磁場偏轉，在地球的南北兩極聚集而形成絢麗的「極光」現象。這些美麗的極光其實都是致命的殺手，我們的地磁場在默默地保護着每一個人。一旦地核停止轉動，地磁場消失，那麼所有的生命都將遭到滅頂之災。

月球的作用

在我們頭頂高懸的明月並不僅僅為詩人提供寫詩的素材，他對智慧文明的出現有着特殊而非凡的意義。正如前面説過，月球對地球正面和背面的引力差產生了潮汐力，這個潮汐力使地球上的海洋會周期性地產生巨大的潮水。如果沒有月球，雖然太陽對地球也會產生潮汐力，而且風也可以刮起海浪，但是和月球引起的潮汐相比，那就弱小的多。潮水對生命的進化意味着甚麼呢？有些學者認為，潮水對海洋生命進化為陸地生命是有着決定性的作用。我們想像一下在太古年代，海洋中

誕生了無數魚類生命，某一次漲潮後，很多魚被沖上了離海洋很遠的陸地上，於是它們成批成批地乾涸而死。但是隨着時間的推移，總有一些能夠在乾旱中堅持更久一點的魚可以熬到下一次漲潮的時候，重新回到海洋的懷抱，於是他們的下一代就會具備更好的抗旱性。如果潮水不夠大，那麼最多是進化出一些能夠短時間「摒住呼吸」的魚而已。但是因為月球引發的潮水非常大，魚兒們不得不一次次面對更加長時間的乾旱，於是在一代又一代的自然選擇下，魚兒們慢慢長出了能夠從空氣中吸取氧氣的「肺」，兩棲動物從此誕生了。兩棲動物誕生後，他們逐步走向更遠的陸地，最終永遠脫離了海洋的懷抱，成為真正的陸生動物。在進化這個宏偉故事的高潮，誕生了人類，但追根溯源，我們人類的誕生卻是託了潮水的福。

月球還為人類擋住了無數天外飛彈的襲擊。當人類第一次通過繞月衛星拍到月球背面的照片時，儘管已經有了心理準備，但依然被月球背面隕石坑的密集程度所震驚。月球背面遭受隕石撞擊的頻率遠遠高於地球，並且我們發現了許多還非常「新鮮」的隕石坑。這就證明了來自天外的飛彈 —— 小行星，在宇宙中實在是非常多。如果沒有月球，地球遭受大的行星撞擊的概率可就遠遠不止平均 6500 萬年一次，有學者認為月球使得地球遭受毀滅性小行星撞擊的概率減少了十分之一。這就為從低等動物進化為高等動物提供了寶貴的時間，試想如果地球平均每 600 多萬年就要遭受一次小行星撞擊的話，這點時間遠不夠從爬行動物進化為人類。哪怕是地球遭受小行星撞擊的概率增加到 5000 萬年一次，地球文明的出現也會岌岌可危，因為進化出人類並不意味

着能夠掌握航天技術，能夠找到避免小行星撞擊地球的辦法。環繞着地球公轉的月球就像是套在地球上的一個保護圈，用它的引力吸附了絕大多數飛向地月系統的宇宙塵埃，默默地為地球承受着天外飛彈的襲擊。

木星的作用

木星是太陽系中最大的一顆行星，它大得簡直不像是一顆行星。木星的體積比地球大了 1316 倍，質量是地球的 318 倍 —— 這個質量比其他 7 大行星加起來的總和還要大 1.5 倍，它更像是太陽的伴星。正因為木星的無比巨大，它被稱為「太陽系吸塵器」。人類文明得以誕生，我們要感謝這個巨大無比的「吸塵器」，如果沒有它的存在，地球早就被彗星和小行星撞得千瘡百孔了。我們來看看發生在最近的兩次撞擊事件。

1994 年 7 月 16 日至 22 日，以兩位發現者名字命名的蘇梅克–列維 9 號彗星被木星強大的潮汐力撕裂成 21 塊碎片，然後就如同遇到吸塵器的灰塵一樣，這 21 塊碎片用比戰鬥機最高時速還要快 50 多倍的速度（60 公里 / 秒）撞向木星，就像 21 發連續發射的子彈一樣（其實子彈跟彗星相比那是慢太多了，這個撞擊速度差不多是子彈的 170 多倍），雖然撞擊點在相對於地球的背面，我們無法直接觀測到，但是撞擊激發的巨大光亮把木星的衛星都照亮了，在地球上能清晰觀測到反光效應。這次亮光是人類有史以來記錄下的最強烈閃光。當幾個小時以後，第一個

撞擊點轉到面對着地球的方向時，天文學家們在望遠鏡中看到了木星上升騰起的巨大塵雲，直衝上 2000 多公里的高空，撞擊坑裡面可以裝下整整一個地球。僅僅是第一個碎片撞擊釋放出的能量就相當於 3 萬顆廣島原子彈的能量。如果蘇梅克－列維 9 號彗星撞向的不是木星而是地球的話，那麼地球有可能會被撞成兩半。

2009 年 7 月 21 日，澳洲業餘天文愛好者首先發現木星再次被彗星或者小行星撞擊，留下了一個巨大的亮斑。幾小時後 NASA 證實了這次的撞擊事件，這次撞擊在木星表面留下了地球大小的痕跡。

在短短的 15 年間，人類就觀測到兩次木星遭受嚴重的撞擊，如果任何一次發生在地球上的話，那麼地球上的生命都將遭到滅頂之災。我們身處的這個太陽系遠不像想像那樣安全，而是到處充滿着神出鬼沒的彗星和小行星。正是有了這顆小太陽般的木星，它巨大的引力場就像是一個無形的保護罩，把處於木星公轉軌道以內的所有行星都保護了起來，就像是專門擋子彈的保鏢一樣，義無反顧地保護着人類文明的這顆火種不被熄滅。太陽系在形成的時候因為各種機緣巧合形成了這樣一顆巨大的氣態行星，又由於各種機緣巧合在木星的軌道內又形成了地球這樣一顆岩狀行星，才使得我們生命能在上面安靜的繁衍生息，一代代地進化而不遭受毀滅性的打擊。

地球的年齡

地球存在的時間對生命的進化極其重要，如果存在的時間不夠長，那麼永遠也不可能讓一個單細胞生命進化成包含 50 萬億個細胞的人類。達爾文 1859 年在他的《物種起源》中宣稱，根據他的計算，地球存在的時間是 30666.24 萬年（3 億多年），這個數字精確得令人髮指，但這個答案離我們現在知道的相去甚遠。同樣，這個答案也引起了著名物理學家開爾文勳爵的懷疑，他是英國科學界泰斗級人物。達爾文是從地質和生物進化的角度出發去探究地球的年齡，而開爾文則是從物理的角度出發，他認為地球絕不可能存在那麼長時間，原因是太陽的燃料燒不了那麼久。在開爾文那個年代，愛因斯坦的質能方程還沒有被提出，核聚變的原理也沒有被發現，因此以當時的物理知識，開爾文無論如何也想不通，像太陽這麼一個龐然巨物，為何能持續地燃燒幾億年而不被耗盡呢？在 1897 年，開爾文最終把地球的年齡定格在 2400 萬年。

雖然開爾文比達爾文多研究了近 40 年，但是得出的結論與正確的答案差距卻比達爾文還要大了不止 40 倍。現在我們知道地球的年齡達到了驚人的 46 億年之久，如果我們把這 46 億年的時間壓縮到一天 24 小時之中，在這個比例裡，1 秒相當於 5.3 萬年；那麼大約在上午 4 點鐘地球出現第一個單細胞生命，但是在此後的 16 個小時中，幾乎沒有任何進化，這種單細胞的生命物質還不能稱為嚴格意義上的生物。一直要到晚上 8 點半，也就是差不多 40 億年過去了，第一批微生物才終於誕生，這是宇宙中的奇跡，此後生物的進化開始加快了腳步。到了這一天

還剩下最後 2 個小時時，生物從海洋裡爬上了陸地，在陸地上頑強地生存了下來。由於 10 分鐘的好天氣，地球的表面突然就佈滿了茂密的大森林，這些森林哺育出了恐龍，恐龍在 11 點剛過的時候誕生，支配了這個世界長達 45 分鐘的時間。而智人在這一天結束前 4 秒時出現，在最後的 0.1 秒，智人發明了文字。

生命的誕生需要時間 —— 需要很多很多的時間。我們基本上可以排除年齡在 20 億年以內的行星進化出高級智慧文明的可能性。地球不但要存在的時間足夠長，並且還必須要有一個持續穩定的地質期。當人類的探測器第一次造訪我們的近鄰金星時，發現金星表面的環形山要比水星少得多。這很不正常，因為從概率的角度來說，金星和水星遭受到小天體的撞擊應該差不多，為甚麼金星的表面卻顯得異常平坦，而水星卻遍佈了 350 多座環形山呢？原因就在金星每隔數百萬年就會經歷一次劇烈的地質活躍期，無數的火山同時噴發，強烈地震幾乎遍佈整個金星表面，所有環形山都會被夷為平地。如果地球跟金星一樣每隔幾百萬年就來一次地質大活躍，那麼顯然是無法誕生任何智慧文明的，甚至連最基本的生命形式也會「吃不消」這種無常的變化。

進化中的偶然

在生命進化過程中最至關重要的 5、6 億年中，恰巧發生了一些偶然的大事件，這些事件又在恰當的時間告一段落，才使得人類這種珍稀的動物得以誕生。大約在 6500 萬年前，一顆不大不小的隕石襲擊地球，造

成毀滅性的全球大災難。但這次災難的規模恰到好處，它滅絕了恐龍，但又使體形較小的爬行動物得以倖存。如果這顆隕石再大一倍，則可能毀滅地球上的所有生物 —— 至少是陸地生物，30 多億年的進化將毀於一旦。如果這顆隕石小 50%，那麼恐龍會倖存下來。假如恐龍沒有滅絕，那麼「你很可能只有幾厘米長，長着觸角和尾巴，趴在哪個洞穴裡面看這本書」，在兇猛的霸王龍統治的世界，古猿永遠沒有機會從洞穴中走出來。但是比 6500 萬年前這顆撞擊地球的隕石大小更幸運的，是在此後的 6500 萬年中，竟然再沒有一塊大隕石撞向地球。雖然這種事情不可避免，肯定還會有大隕石撞向地球，但在這件可怕的事情再次發生之前，人類已經聰明到了掌握航空航天技術，可以有很多種辦法來避免災難的發生。換句話説，現在的人類面對隕石已經不是完全束手無策。

地球歷史上曾經歷數次冰川期，整個地球表面幾乎都被冰雪覆蓋，這些冰川會在地球表面緩慢滑動。最近一次的大冰川期（第四紀冰川期）距今約 200 到 300 萬年前，直至 1、2 萬年前結束，我們現在仍然能在地球的很多角落清晰地看到冰川留下的痕跡。冰川對人類的進化有特殊意義，巨大的冰川所到之處，岩石會被碾得粉碎，冰川褪去後就變成肥沃的土壤。冰川還開鑿出淡水湖泊，現在地球上最大的淡水湖區，美國的五大湖區就是第四紀冰川期留下的傑作，這些淡水湖為數以百萬計的生物提供了豐富的養分。冰川迫使動植物遷徙，早期的智人，在冰川的驅趕下在全世界範圍內遷徙。因為冰川的嚴酷，智人不得不學會生火取暖，學會遮風避雨，學會使用動物的毛皮製作衣服避寒，智人還得

學會儲藏食物來度過漫長的冬季。總之，冰川促使了人類文明的進化。哥本哈根氣候理事會主席提姆・弗蘭納里說：「要想確認某一塊陸地上人類的命運，你只需要問問那塊大陸這樣一個問題：你有過一個像樣的冰川期嗎？」在人類文明發展到最關鍵時刻，也就是文字差不多被發明時，第四紀冰川期非常「識趣」地結束了，留下溫暖宜人的氣候及大片沃土。人類文明在最近 1 萬年的爆炸性發展，冰川期功不可沒。

基因的差異

很多人都認為進化的終點就是人類，也就是說大自然生物幾億年進化的最終目的是為了誕生人類這樣一種智慧生物，其他所有的生物都是人類的墊腳石。這是一個很大的誤解。人類的誕生是一個極其微小概率的基因突變的結果，我們不知道這種突變是如何發生，但它的的確確發生了。黑猩猩的誕生比人類要早得多，它們已經存在了上千萬年，但如果有一天人類突然滅絕了，地球上只剩下黑猩猩，可是哪怕再給這些黑猩猩一千萬年，它們也不會像電影《猿人爭霸戰》中描述的那樣進化出人類的智慧，原因很簡單，它們的基因與人類有很小很小的差異。人類基因與黑猩猩基因差別不到 1.6%，一匹馬和一匹斑馬，一隻豚鼠和一隻鼴鼠的基因差別也要遠遠大於人類和黑猩猩之間的基因差別。但正是這不到 1.6% 的差別，所產生的結果就是，最聰明的黑猩猩也不過是會搬箱子墊在腳下去拿原本夠不着的香蕉，而人類卻可以乘着火箭登上月球。

我們現在依然無法確切知道，人類到底是從哪一天開始從南方古猿中脫離出來，成為智人，但是藉助最先進的線粒體 DNA 分析技術，我們基本上已經確定現在的人類，大概在距今 500 萬年前起源於非洲。那時候的非洲大陸生活着無數的古猿，他們有不同的種屬，分成不同的群落聚居着。然後某次未明的原因，這些古猿中的一支產生了基因突變，使得這支古猿不再是古猿，他們變得越來越聰明，學會了製造工具，這支古猿在慘烈的生存競爭中逐漸佔據上風。而曾經遍佈非洲大陸的其他古猿，在此後的幾百萬年間都神秘消失了，一支都不剩下，沒有人知道真正的原因是甚麼。「也許，」人類學家馬特·里德雷説，「我們把它們吃了！」

我們在前面講了太陽的大小，地球的位置、質量、體積，我們還提到了月球和木星的作用，但是所有這些巧合加起來，其發生的概率在我看來都遠遠高於基因突變發生的概率。

下部 臆想

一　應對人類滅絕的預案

「災難預案」這個詞現在對我們每個普通人來説，都已經變得相當熟悉。政府為了應對突發性的公共事件，往往會制定一些詳細的預案，例如地鐵火災預案，城市發生地震的預案，流行病爆發應對預案等。制定這些預案的目的都是為了在小概率突發性事件到來的時候，人們不至於措手不及，把各種損失降到最低。我們所熟知的預案一般都是應對有可能導致局部地區災難，部分人面臨死亡威脅的事件。

那麼，順着上面這種「災難預案」的思路，你有沒有想過人類還應當為自己制定一些更高級別的預案，來應對有可能導致整體人類文明滅絕的突發性事件？前一種我們常見的災難預案能挽救的往往是個體的生

命，而後一種最高級別的災難預案則是為了挽救人類文明。

要制定這種人類滅絕應對預案，首先應當搞清楚造成人類突然滅絕的可能原因會有哪些。過去所有荷里活末日題材的電影中，人類滅亡的原因可謂五花八門，我們不妨來列一張清單，看看人類文明的「死法」到底有哪些。

第一種死法：環境災變

這是末日電影最經常選用的死法，比如電影《2012》。在這部美國人的臆想片中，災難的根本原因來自太陽。由於太陽的過度活躍，導致釋放出比正常年份多得多的中微子，而這些中微子輕易穿透地殼，直達地核。地核因此被這些中微子加熱，造成整個地球磁場的紊亂，大陸板塊劇烈運動，引發全球性的地質災難，於是人類就掛了。

再如電影《地球毀滅密碼》，整個地球是在太陽耀斑的大爆發中被完全烤焦，人類滅絕。

又如電影《地心浩劫》，作為地球活力發動機的地核因為某種周期性原因停止了轉動，人類文明面臨滅頂之災。

導致環境災變的原因一般是兩種，一種來自太陽，一種來自地球內部。從科學的角度來講，來自地球本身的災變，不論是地核、地磁場的變化，

或者是海洋洋流、海水鹽度的變化，或者是全球性氣候變化，這些變化都不會在一夜之間發生。雖然從地質紀元的角度來說，持續幾萬年的冰川紀也是很短的一瞬，但是對於人類而言，那就是一個相對漫長的時間，來自地球本身的地質變化絕不會像電影中上演的那樣，在短短幾天或幾年內突然發生。因此應對這種類型的地質災難是不需要寫預案的，預案存在的原因在於「措手不及」，如果災難的發生是緩慢的，那麼就有足夠的時間邊調研邊應對，就好像目前人類面對的全球變暖問題。

再說太陽，電影《2012》關於中微子加熱地核是沒有甚麼科學依據，不值一提。不過太陽在很多科學家眼中確實是危險的來源。2003 年 10 月底 11 月初，科學家們目睹了一場有記錄以來最大的太陽耀斑爆發，很多離兩極很遠的城市目睹到絢麗的極光。超過 500 億噸的高能帶電粒子被太陽噴出，許多科學衛星和通信衛星不得不暫時關閉，少數還遭到永久性的損傷。雖然這離人類滅絕還差着十萬八千里，但不管怎麼說，這證明了太陽確實會產生一些人類目前尚無法預測的行為。

以人類目前的理論知識，已經能夠建立較為精確的太陽物理模型，可以準確計算出太陽的表面溫度、壽命、活躍周期等各項數據，並且得到直接或間接的觀測證據。總體來說，我們的太陽正處於最為穩定的主星序期，還可以穩定地燃燒 50 億年，造成人類突然滅絕的可能性非常低，因此，我們基本上不需要為此制定預案。退一萬步講，即便是真的要發生《地球毀滅密碼》中那種規模的太陽耀斑爆發或者氦閃，那也不是任何預案能應對的，我們只能欣然赴死，在臨死前看一眼人類歷史上

最壯觀的太陽也值得了。

第二種死法：天地大衝撞

在末日電影題材中，小行星或者彗星撞擊地球的情節是出現非常多的。這的的確確是一種有可能滅絕全人類的危險，恐龍就是在 6500 萬年前一次小彗星撞地球的事件中毀滅的。而最近一次太陽系中的天地大衝撞發生在 1994 年，蘇梅克–列維 9 號彗星撞上了木星。這是自從人類發明望遠鏡以來首次目擊的天文奇觀。這顆長達 5 公里的彗星雖然被木星的潮汐力扯成了 21 塊，但是給木星造成的疤痕比地球的直徑還長，撞擊釋放出的能量相當於全球所有核武器加起來的 750 倍。如果這顆彗星撞上地球，則地球上所有的生命幾乎無一能倖免。

這看來似乎是一個非常切實的人類滅絕危險。2013 年聯合國大會批準創建「國際小行星預警小組」，就具有了正式的官方背景，能夠調動的資源大大提升。這個小組由聯合國協調，由全球各地的科學家、天文台和太空機構組成，共享有關新發現小行星以及它們有多大可能撞擊地球的信息。這個小組還將與救災機構協作，幫助他們確定應對小行星撞擊的最佳措施。此外，聯合國還將設立一個太空任務規劃顧問組織，研究如何偏轉朝地球飛來的小行星的軌道，相關研究結果也將同全球太空機構共享。聯合國還有一個著名的組織，叫「和平利用外太空委員會」，很多太空探索的國際公約都是這個組織起草的，它也是監測小行星威脅的主力軍。如果未來一發現有可能對地球產生危險的小行星，

也由該組織負責制定應對計劃。

按照天文學家的估計，要對地球造成類似 6500 萬年前滅絕恐龍的破壞力，至少需要一顆直徑 10 公里的小行星。現在的好消息是，近日點距離在 1.3 天文單位之內所有超過 10 公里直徑的小行星都已經被找到了。這也意味着只要我們長期跟蹤這些小行星，並建立準確的數學模型，應該就能作出長期的預測。

更加幸運的是，託福於人類天文觀測技術的飛速發展，如果我們想對一顆小行星或者彗星施加影響，使之偏離撞向地球的軌道也已經不是甚麼太大的難事，更不要説在危機來臨的時候，人類社會團結起來所能夠爆發出的強大力量了，因此天地大衝撞導致人類整體滅絕的可能性幾乎為零。這樣的預案已經毫無意義，在預警時間內足夠人類從容地根據小天體的各種性質來制定最佳應對策略。

但我必須強調的是，上面説的是那種大到足以滅絕全部人類的小行星。而如果僅僅是一次足以毀滅一個城市的天地衝撞事件，以人類目前的技術，還無法完全避免，這樣的風險依然是存在的。

第三種死法：生化危機

在電影《生化危機》中，一種來自實驗室的超級病毒瞬間把活人變成僵屍，僵屍又將感染更多的活人，整個地球陷入一片混亂，人類文明慘

遭滅絕。這種死法顯然比前面兩種死法更加恐怖。自從人類認識到病毒的可怕以來，大規模的傳染病爆發一直就是人類面臨的危險之一，2003 年從廣東省爆發又迅速蔓延全國及港台地區的非典病毒，讓每一個中國人至今還心有餘悸。但不管怎麼樣，這種危險還不至於上升到制定應對人類整體滅絕的預案高度，傳染病的爆發總是從某一個點開始，各個國家都應當有義務制定阻止傳染病擴散的預案。同時，每個國家也都會有阻止傳染病入境的預案。

第四種死法：超新星爆發

在人類的文明史中，有過好幾次關於超新星的目擊記錄，最有名的就是1054 年的那次，留下了現在被稱為蟹狀星雲的遺跡。在古人的筆下，超新星是充滿了詩情畫意的，並且往往會喻示着一些美好的事物。但是，當天文學家在上世紀初次揭開了超新星的真面目後，我們對這個宇宙中威力最大的「超級炸彈」震驚不已，原來超新星就是一顆恆星在晚年的自爆。天文學家們開始擔心，如果有一顆超新星在距離地球 100光年範圍內爆發，那麼地球上所有的生物都將遭到滅頂之災。劉慈欣在他的科幻小説《超新星紀元》中就生動地描寫了這樣一次超新星爆發，那顆被稱為死星的超新星發射出的強烈輻射擊碎了人類的 DNA，凡 13 歲以上的大人都將得白血病死去。這種災難的來臨是突然的，毫無徵兆的。但萬幸的人類又躲過了一劫，天文學家現在已經可以有把握地説，人類至少不會在地球上遭到這種可怕的災難。我們現在已經搞清楚了恆星的基本模型，對於恆星成為超新星的條件也已經研究的

差不多了。天文觀測已經證實，人類無需為超新星擔憂，因為距離地球最近的超新星候選者是飛馬座 IK（HR 8210），距離地球 150 光年，但是它要成為超新星也是至少 100 萬年以後的事情了。還有一顆著名的超新星候選者叫參宿四，距離地球 600 光年左右，據一些天文學家說最快 1000 年之內就可能爆掉，但這個距離也不會對地球造成甚麼影響。筆者此生的一大願望就是在有生之年，目睹參宿四爆掉。

第五種死法：外星人入侵

在威爾斯影響深遠的小說《世界大戰》中，雖然人類最後在火星人的魔爪下得以倖免，但這畢竟是地球人寫的科幻小說，正義自然是站在地球人這邊，而正義戰勝邪惡是小說的永恆主題，可惜正義還是邪惡卻是由勝利者來定義的。外星人入侵的文學和影視作品我就不再多提了，那真是可以用多如牛毛來形容。我想探討的是，這種可能性到底有多大，這是不是一個切切實實的危險？

通過本書上部和中部的閱讀，我們有理由相信外星人是一定存在的，不但存在，而且技術文明完全有可能比人類先進得多。星際旅行也是人類在可以看得到的未來中能夠實現的技術。我們不得不得出這個令人驚訝的事實：在所有我們能想像到的導致人類整體滅絕的突發性事件中，儘管聽上去最像是不靠譜的科幻，但是外星人入侵的確是相對概率最高的事件，並且是完全有可能發生的。

如果聯合國要給人類制定應對滅絕預案的話，那麼，針對外星人入侵的預案是應當被首要考慮的，並且是最值得做的。

這就是本書下部想要跟讀者探討的話題，如何抵禦外星人入侵。

二　分析外星侵略者的目的

有些讀者可能會認為這個預案完全是胡扯，憑甚麼外星人就是我們設想的那個樣子呢？他們完全有可能是某種未知的生命形式，他們擁有的科技可能是我們地球人做夢都想不到的科技。

事實並不是如此。人類的文明發展程度以及對這個宇宙的認識，可能完全無法讓我們和某個先進的外星文明抗衡，但至少可以讓我們做出一些理性的分析和合乎邏輯的推理。制定抵禦外星人入侵的預案並不是一件沒有意義的工作，相反，至少在可以查到的一些公開報道中，有傳言美國和英國的國防部都有專門的小組在研究抵禦外星人入侵的防禦計劃，在這些小組中有來自軍事、天文、物理、生物等各個領域的專家。不管你們信不信，反正我是相信確實有官方的預案存在，當然，官方的預案是不可能公之於眾的，因為這是一份抵禦外星人入侵的絕密計劃，如果我們都知道了，那外星人當然也能知道，一份被泄露的軍事計劃自然就毫無價值了。

我既不是軍事專家也不是科學家，個人的分析僅供大家茶餘飯後一樂，除此之外，也不可能有更多的價值了，如果博得一笑，我也足夠滿意。

我們首先應當研究的問題是，「他們」為何而來？

一個外星文明懷着惡意跨越漫漫的星際空間，想要消滅全體人類，這到底是為甚麼呢？我想他們的目的無外乎三種可能性：

1. 就是好玩。
2. 掠奪資源。
3. 星際殖民。

這三種目的是不是都靠譜呢？

先來看第一種目的，外星人消滅我們純粹為了好玩。就好像我們小時候偶爾路過一個螞蟻窩，看到一群螞蟻正在那裡忙忙碌碌的，於是一個邪念在腦中一閃，我們就對着那個螞蟻窩撒了一泡尿。於是，整個蟻穴瞬間崩塌，無數的螞蟻被氾濫的「黃河水」沖的七零八落，垂死掙扎。會不會某一天，一支外星人的艦隊偶爾路過太陽系，看着我們人類你爭我奪的，覺得很不爽，一個邪念閃過，就把人類給滅了。

雖說這種可能性不能百分之一百排除，但從理性的角度來講，可能性確實非常低。

239

首先，以目前天文觀測的數據來看，雖然我們認為宇宙中技術文明的總量很大，但是這個宇宙更大，這些技術文明散落在廣袤的宇宙中就會顯得非常罕見了。試想一支遠征的外星人艦隊在宇宙中長途跋涉幾萬甚至幾十萬年，偶爾遇到一個技術文明，別說感動，至少會覺得是一件很稀罕的事情，就這麼隨手給滅了，似乎不太合乎邏輯。你可能反駁說，那也只是地球人的邏輯，外星人憑啥也跟我們一樣要有七情六欲呢？是的，這個事情確實無法證偽，但我們畢竟是在做推測和分析，萬事無法絕對，我們在探討的是哪種可能性更大。

然後，在漫長的星際航行中，最寶貴的東西無疑就是能源，而能源的補給必須是在一個恆星系中得到補充，例如最符合邏輯的恆星際航行的燃料是氫元素，通過氫元素的核聚變來產生巨大的能量。而宇宙中最多的物質就是氫，氫元素的豐度是 74%，因此外星人的星際飛船靠採集宇宙中的氫元素作為引擎的燃料是最有可能的。但別看夜空中繁星點點，好像星星密密麻麻的非常擁擠。實際上星際空間是非常空曠的。我打個比方，如果我們把太陽縮小到一個硬幣大小，那麼離我們最近的一顆恆星（比鄰星）也要在 563 公里之外，差不多就是從上海到徐州的距離。你把 50 枚硬幣平均分佈在整個中國的土地上，這差不多就是銀河系中恆星的密度。在這樣一個空曠的宇宙中，能源該是多麼寶貴，外星人僅僅為了好玩，就要消耗大量的能源來給飛船減速，然後又要消耗大量的能源來摧毀地球，這個好玩的代價也未免太大了一點。

最後，如果外星人消滅人類的目的真的僅僅是好玩的話，那麼抱歉了，

人類的任何預案都沒有半點用處，或者說，根本無法做出任何有用的預案來。因為對於一個能夠達到恆星際航行的技術文明來說，其對能量的運用已經遠遠高出人類幾個數量級，在這樣的技術文明所釋放的能量面前，人類是絕無防禦能力的。

因此對於抱着第一種目的而要消滅人類的外星人，我們除了祈禱，甚麼也做不了，探討這個目的下面的災難預案沒有甚麼實際意義。

我們再來看第二種目的，也就是外星人是為了掠奪地球的資源而消滅人類。這種想法初聽上去，似乎很有道理，但仔細一分析，我們就會得出出乎意料的結論。

首先何為「資源」？俗話說物以稀為貴，要稱之為資源，必然是宇宙中相對稀少的物質，才有掠奪的價值。像宇宙中最多的是佔到可見物質總量 99% 的氫和氦，這兩種物質顯然不會是外星人長途跋涉跑到太陽系來搶的東西。在天文學家的分類中，氫和氦叫做輕元素，凡是原子量大於氦的，都叫重元素。重元素在宇宙中是相對稀少的物質，只有 1% 多一點。當人們剛剛發現宇宙中所有重元素都是源自於超新星爆發時，普遍認為重元素在宇宙中是非常罕見的。但是隨着對超新星研究的深入，我們發現在銀河系這樣的星系中，平均每 100 年會誕生一到二顆超新星。銀河系的歷史超過 100 億年，也就是說在過去的時間中，至少有 1 億顆超新星爆發了。刻卜勒太空望遠鏡最近的觀測數據已經證明，重元素遍佈於銀河系。而其他恆星系也跟太陽系一樣，遍佈着各種

形態的行星。

因此外星人如果真的是需要掠奪礦產資源的話，那麼宇宙中到處都是寶貝，根本不需要「掠奪」，只需要開採，地球上沒有甚麼宇宙中罕見的礦產。退一步講，即使是在我們的太陽系，地球從元素的角度來說，也一點都不稀有，在太陽系中的行星、衛星、小行星、彗星上到處可以找到地球上能找到的一切元素。外星人犯不着非要冒着和地球人作戰的風險來地球掠奪，儘管我們很弱小，但數量眾多，要殺光也是一件挺麻煩的事情。

不過地球上確實有一樣在宇宙中非常稀少的物質，那就是有機物以及蛋白質，但問題是，要說外星人大老遠跑到地球上就是為了伐木和打獵，這個也說不通。因為即便以人類現在技術文明，也可以輕易地合成蛋白質。而構成蛋白質的基本元素 C、H、O、N 等在宇宙中遍地都是。一個能達到星際旅行水平的文明，用幾萬年的時間跨越廣袤的星際空間，來到地球上就為了掠奪一點蛋白質，這個很難讓人從理智上接受。

但有一個關鍵問題我們必須注意到，碳基生命，這是地球經過幾十億年的演化才繁衍出來的稀罕物質，從我們目前的天文觀測中，可以證實生命物質在宇宙中肯定是不多見的，人類迄今為止也尚未發現任何外星生命形式，哪怕僅僅是一個單細胞生命。由此可以合理地推斷，越是複雜的生命形式，在宇宙中就越是稀罕。

前面説過，只有稀罕的東西才能稱為資源。那麼，如果外星人確實是到地球上來掠奪資源的，那麼最大的可能（或許是唯一的可能）就是掠奪「人」本身，雖然我們無法知道外星人把我們抓走有甚麼用，但我們人類本身確確實實是這個星球上最複雜的生命形式，也是大自然最偉大的奇跡，我們的誕生至少要經過 10 億年以上的進化。

我們得出的結論是：如果外星人是抱着掠奪資源的目的而來地球，則他們要掠奪的資源不是別的，就是你和我。既然明確了這個目的，那麼我們地球人是可以做一些切實靠譜的預案的，這需要一些勇於獻身的勇士，核心點就是想辦法把人類本身改造成威力巨大的武器，這個話題我們下一節討論。

最後來看第三種目的，外星人是為了殖民而來。這是三個目的中最有可能的一個目的，從上一章的內容中我們知道，像地球這樣的行星，在宇宙中確實是非常獨特，無數的機緣巧合，才誕生了這樣一顆行星。如果外星人真的是抱着這個目的而來，則我們可以做出一些非常合理的推測。既然是殖民，那麼就是看上了我們地球的環境，就意味着外星人跟我們地球人差不多，他們需要大氣，需要水，需要氧氣，適應 1G 左右的重力等，這樣一來，我們抵禦外星人進攻的防禦預案就不至於是建立在完全沒有根據的臆測上了。

下面就讓我們來根據上面的一些分析，來制定地球人的行星防禦計劃綱要。

三　行星防禦計劃綱要

（以下計劃純屬虛構，如有雷同純屬巧合，想法可能幼稚，博君一笑爾。）

【封面】

計劃名稱：行星防禦計劃綱要，代號 A

制定單位：聯合國星球安全理事會

負責人：001（經過安理會特別授權，可以向密碼屬查詢負責人真實身份）

保密級別：最高機密（AAA）

啟封時間：一旦確認非人類的技術文明正飛往地球，或者有明確的證據表明外星人已經降臨地球，無論能否確定外星人的意圖，都立即啟封該計劃。

密封時間：2018 年 2 月 4 日

【內頁】

概述：考慮到本文的閱讀對象並不是專業學者，因此儘量避免過多的專業術語，而本文的目的與學術研究無關，對一些科學原理的解釋，也僅僅是為了讓地球戰士能夠更加準確地理解作戰方案和這麼做的原因。

在人類發展出恆星際旅行的技術之前，我們必須對人類的技術文明與能夠實現星際旅行的技術文明之間的差距有個清醒的認識，這種差距不是大小和多少的問題，而是文明級別上的差距。

在這種文明級別的差距下，人類的技術完全不具備與外星文明直接對抗的能力。我們的武器在外星人面前，如同冷兵器時代的武士面對現在的特種部隊一樣。得出這些結論是基於下面一些基本科學事實：

1. 一個能進行恆星際旅行的技術文明，最起碼是掌握了可控核聚變技術，最有可能的是掌握了製造、存儲、運用反物質的技術，當然，這兩種技術已經是我們目前人類所掌握的基礎物理理論知識的極限。不排除外星人已經掌握了更加屬於「未來」的技術，這是我們人類匪夷所思的。

補注一：可控核聚變技術。

核聚變是太陽能量產生的根本原因，也是氫彈爆炸的原理，它和原子彈爆炸的原理正好相反——原子彈是利用重原子的裂變釋放能量，而核聚變是兩個較輕的原子核聚合為一個較重的原子核，並釋放出能量的過程。自然界中最容易實現的聚變反應是氫的同位素——氘與氚的聚變，這種反應在太陽上已經持續了 50 億年。雖然人類早在 20 世紀中葉就已經掌握了氫彈，這是種人工實現核聚變的技術，但這離真正的可控核聚變技術仍然相差得很遠。難就難在「可控」二字，儘管我們已經

可以非常精確地控制核裂變的全過程，利用這個技術來製造核電站、核動力運輸工具已經非常成熟。但是想要控制核聚變的難度卻要比控制核裂變的難度高得太多。關鍵原因在於溫度，產生核聚變時，溫度至少要達到上億度，沒有任何容器能夠經受住這種高溫。所以，要掌握可控核聚變技術必須要掌握如何把核聚變產生的高溫「約束」在某一個隔絕的區域，目前人類在理論上能找到的兩種約束方法是慣性約束和磁力約束，在這裡我們不再贅述其原理。我們只需要知道，要能夠大規模地產生這種約束力相當困難，按照樂觀派的估計，人類至少還要花200年左右才能完全掌握可控核聚變技術，到那個時候，人類社會將徹底擺脫能源危機，能源將會成為這個星球上最廉價的商品。

利用可控核聚變技術進行恆星際旅行是目前人類理論知識體系中最現實的方案，因為核聚變的燃料在宇宙中大量存在，每一個恆星系都可以成為一個「加油站」。因此當我們發現外星飛船正在接近地球，這種文明至少要掌握可控核聚變技術。我們可以藉由一些手段來確定，例如檢測飛船尾跡中氦的含量等，但這些非常專業的工作都是科學家的事情，本文並不關心。

如果一旦確定外星文明確實採用的是核聚變引擎，我們基本上可以推測出以下一些事情：

第一，正向地球飛來的外星文明可以產生和控制遠遠超出目前人類能力範圍的能量，這些能量既然可以用作星際飛船的航行，自然也能用作

太空中的武器。

第二，外星人擁有可以隔絕上億度高溫的技術，這個技術足以抵擋讓任何人類的武器。

第三，按照最保守的估計，這個文明至少比人類先進 500 到 2000 年。人類面對這樣的文明，如同尚未發明火器的古人面對現在的我們。

補注二：甚麼是反物質。

反物質的概念最早是由 20 世紀著名的物理學家狄拉克提出來的，他在 20 世紀 30 年代時預言，每一種基本粒子都會有一種除了帶的電性相反，其他性質完全相同的「反粒子」。例如我們都知道電子帶負電，質子帶正電。那麼反電子就是帶正電的電子，反質子就是帶負電的質子。這個預言一直到 60 多年後的 2010 年才由位於日內瓦的歐洲大型強子對撞機（LHC）證實。這些反粒子被統稱為反物質。當反物質與物質接觸的時候，將會瞬間湮滅，所有的質量全部轉換為純能量，這是迄今為止在人類的理論體系中，能量轉換效率最高的物理過程。反物質與物質的湮滅產生的能量可以嚴格地按照質能方程 $E = mc^2$ 計算出來。因此通過正反物質湮滅產生能量的效率遠遠高於核聚變，但以人類目前的理論水平，要大量產生反物質甚至在理論上都沒有找到方法。因此如果外星人掌握的是反物質發動機引擎的技術，那麼人類與該外星文明在技術等級上的差異將是兩個數量級上的差異。

利用反物質發動機進行星際旅行是目前人類知識體系的極限技術，我們對宇宙規律的認知上也僅僅只能達到這一步。如果人類科學家在外星飛船的尾跡中幾乎未檢測到任何物質的跡象，那麼我們可以推斷該外星文明已經達到了製造反物質發動機的文明高度，並且可以肯定以下幾點：

第一，不管是用作武器還是推進力，該級別的外星人已經不再關注能量。因為他們已經可以隨心所欲地在物質和能量之間轉換，在他們的眼中，任何物質都可以變成能量，任何能量也可以變成物質。

第二，凡是靠能量來實現攻擊效果的武器在外星人的技術面前都不能稱為武器，因為接收到的能量可以被輕易地吸收和利用。人類的武器不論是大刀還是核彈，在他們的眼中完全沒有區別。

第三，按照最保守的估計，該文明與人類文明的差距至少應當以萬年來計算，人類面對這樣的文明，有如剛剛直立身體行走的猿人面對現代的人類。

能夠造訪地球的外星文明，掌握了反物質發動機技術的可能性甚至要高於核聚變發動機。這是因為核聚變質量和能量的轉換效率相當低，大約只能將 4% 的質量轉換為能量，由於恆星之間的距離非常遠，為了攜帶足夠的燃料，外星飛船必須建得非常大，而更大的飛船意味着更大的質量，也意味着要消耗更多的能量才能帶來加速度。也就是說，理論

上採用核聚變發動機的飛船不可能達到非常高的速度，按照我們的估計，能達到光速的百分之一已經是極限。那麼用光速的百分之一來進行恆星際之間的旅行，每一趟航程都將以數千到數萬年來計算，而銀河系是如此的廣袤，我們以概率的角度來考量的話，會發現在人類文明史這樣短暫的時間中，想要被外星文明造訪一次的概率將會非常低。而一旦外星文明掌握了反物質發動機的技術，則飛船可以建造得小得多，燃料的體積和質量都會大大減少，這意味着飛船能達到比核聚變發動機快得多的速度。估計反物質發動機驅動的飛船應該能達到光速的十分之一，甚至更高。這意味着對於這類文明等級的外星人來說，進行恆星際旅行是以數十年到數百年來計算的，這樣地球被這類文明造訪的概率就會比上一種情況大得多。

再講得遠一點，理論上製造和打開蟲洞是最快速的時空跳躍的方法，雖然人類尚沒有實現打開蟲洞的方法，但我們至少可以肯定這需要巨大的能量，而要產生如此巨大的能量，以現有的理論知識，只能靠反物質。

因此首個造訪地球的外星文明最有可能是比地球多進化了數萬年的文明，他們能夠生產和利用反物質。人類千萬不要去試圖攻擊該類外星文明。

2. 一個能進行恆星際旅行的文明，他們的飛船必然擁有極其強大的自我防禦能力。這是因為在宇宙航行中，飛船的速度必然非常高，最少也得達到百分之一的光速。在這種高速下，宇宙中的所有基本粒

子和宇宙塵埃相對於飛船來說，都好比是一個個的高能粒子。那麼要防止這些高能粒子對飛船中的人和物造成破壞，飛船就必須擁有一層「防護罩」以阻擋星際空間中基本粒子的襲擊，而強磁場是最好的防護罩。我們知道，這些高能基本粒子也就是強輻射，外星人必然掌握了如何抵禦強輻射的方法，才能進行高速星際旅行。目前人類掌握的威力最大的武器是核彈，核彈的破壞力主要來自三個方面：衝擊波、高溫和強輻射。但是如果核彈是在太空中爆炸的話，那麼所有的能量幾乎全部以輻射的方式釋放，這是因為衝擊波的產生必須要依靠空氣，而太空中幾乎絕對零度的低溫使得高溫能維持的時間非常短暫。所以如果人類試圖在太空中朝外星飛船發射核彈來消滅他們的話，這幾乎是癡心妄想，因為我們的核彈所產生的輻射量還遠不如星際飛船在達到亞光速時所承受的巨大宇宙輻射。我們必須認清這樣一個事實，我們觀測到飛向地球的星際飛船的速度越高，則表明它的防禦能力也越強。

3. 一艘恆星際飛船，必然具備超級強大的遠距離探測能力。雖然宇宙極為空曠，但人類通過天文觀測已經知道，宇宙中其實存在大量的小行星和彗星。最近的觀測甚至發現，在恆星系與恆星系間的宇宙空間中還存在着大量的不圍繞任何恆星旋轉的「流浪行星」，這些行星的數量甚至要多於恆星系中的行星。為了避免在高速航行中撞上這些天體，星際飛船必須具備強大的遠距離探測能力，以測航線上是否存在天體，是否有可能撞上流浪行星。這種探測能力遠遠超出人類目前所掌握的遠距離探測技術，所以星際飛船在進入我們人

類的視野之前，必然早就對我們地球了如指掌，他們的探測能力要遠遠強過我們，我們的任何攔截行為都不可能不被對方提前得知，當我們的導彈飛離發射井的那個剎那，外星人就已經做好了應對的準備。

作戰理論：正面抵抗是毫無意義的。這是一場非對等戰爭，所有的防禦計劃必須建立在非對等作戰的理論指導下。

所謂的非對等戰爭指的是交戰雙方力量不對稱，技術不對稱，其中一方在各種戰爭資源、力量、技術上具有壓倒性的優勢，看上去無比強大，而弱小的另一方看上去則毫無勝算。但在人類的戰爭史上，也不乏非對等戰爭中弱小一方最後取得勝利的戰例。例如二十世紀六十年代爆發的越南戰爭中，美國不論是從經濟實力還是技術實力上都遠遠優於越共方面，但是美國人最後在越南戰場上不但沒有達到軍事和政治目的，還付出了極其慘重的代價。

在非對等戰爭中，弱小的一方想要戰勝強大的一方，首先必須要放棄一切常規戰爭中的戰略目標，化整為零，以遊擊戰為主要作戰方式，以消滅敵人的有生力量為主要目的。不建立固定的根據地，不佔領軍事目標。以破壞敵人的軍事設施為主要打擊手段。這種作戰方式很像二戰期間中國共產黨採用的抗日作戰方式。

作戰的第一階段：就地解散。

一旦本計劃啟動，所有人類的作戰部隊必須就地解散，越快越好，以不超過 50 人為一個小隊，擁有各自獨立的指揮系統，迅速地往山區撤離。

第一階段的戰略總結為四個字：隱藏自己。

在與外星文明遭遇的最初階段，我們必須清醒地認識到：任何抵抗都是徒勞的。我們在明處，而外星人在暗處，我們完全無法知道外星人的具體形態，更不可能了解他們的攻擊和防禦的方式。基於前面已經闡述過的理由，我們只能肯定一點：外星人的科技遠遠高出地球文明。

不要試圖用你認為可能有效的任何地球人的攻擊方式去攻擊外星人，那樣的結果除了讓你遭到殺身之禍，和讓地球文明損失一個寶貴的有生力量外，不會有任何其他好處。

亞洲，尤其是中國，山地特別多，因此特別適合作為隱藏有生力量的根據地。

放棄所有大型軍事基地 —— 這些基地目標太大，不可能在外星人的攻擊下倖存；放棄所有城市，不要與外星人在城市中直接作戰 —— 這種行為不但會摧毀我們將來反攻外星人的重要補給地，也會直接造成大量平民的傷亡。

用最快的速度把所有能搬運的武器、彈藥、軍事後勤裝備搬到就近的

山區中分散儲藏，此時整個地球人類都是同盟軍，不要介意將來這些武器裝備會被何人使用，只要保留下來了，隱藏起來了，就有可能成為日後重要的戰略物資。因此最重要的是盡可能分散，分的越散越好，以各種形式儲存在一切可以用作儲藏的地方，例如森林、山洞、河谷、海底、天然坑穴等。如果全世界所有軍隊同時開始迅速地疏散軍事物資，必定能趕在外星人摧毀這些物資之前保留很大一部分。分的越散，越容易讓敵人失去主要進攻目標，同時造成敵人的猶豫，為人類爭取寶貴的時間。

犧牲是不可避免的，在遭遇的初期，我們的軍事基地、城市必然會遭受毀滅性的打擊，我們只能直面現實，不要存任何僥倖心理，必須執行一個字：跑。

作戰的第二階段：偵查。

當我們倖存下來後，最重要的任務便是搞清外星人的目的，即便他們來到地球後表達了善意，也絕不能掉以輕心，因為我們並不知道他們是否在撒謊，或許這正是將人類一網打盡的陰謀。因此在與外星人正面接觸的同時，疏散工作不能停止，要繼續堅定地執行原計劃，盡可能做好最壞的打算，俗話說害人之心不可有，防人之心不可無，在此時顯得尤為重要。

如果外星人一到達地球，立即開展大規模的軍事行動，我們必須忍耐，

絕不能輕易反擊。我們必須小心觀察外星人攻擊的形式和他們採用的武器，通過觀測攻擊方式可以判斷出他們的能量產生方式，這對將來的反擊有着重要的意義。

從大方面來説，我們必須首先搞清楚外星人的目的是掠奪資源還是星際殖民。基於之前分析的原因，如果外星人是為了掠奪資源，那最大的可能性是掠奪我們人類本身，基於這個前提去小心求證。

如果外星人是為了星際殖民而來，那麼必然會有一個顯著的特徵，他們不會大面積的破壞地球的自然環境，他們的攻擊一定會非常精準地打擊人類的軍事力量，而對於民用的基礎設施會有意避開。

一旦當我們確定外星人的目的是為了來「抓人」，那也就確定了反攻外星人的大方向，就是：組織敢死隊，把每一個單獨的個體改造為威力巨大的武器。研究便攜式小型核彈將成為人類反攻外星人的首選，甚至要把小型化推向極致，比如可以藏於人類體內的小型核彈。越是能夠藏於體內，越是有可能在外星人飛船的內部起爆。

如果確定外星人的目的是為了星際殖民，那麼就應該非常清楚下一階段的作戰目的是要對敵人進行不斷地騷擾。我們並不是一定要把敵人全部消滅才能取得最後的勝利，只要我們成功地讓外星人「不堪其擾」，覺得繼續留在地球上殖民不如啟程去重新尋找下一個宜居星球，也能達到同樣的勝利。所以對於殖民目的的侵略者，我們必須下定決心，做

好與敵人長久對抗的準備，想盡一切辦法讓自己生存下來，堅持不懈地進行遊擊騷擾，就有可能迎來外星人放棄地球的一天。

在了解了外星人的目的後，下一個重要的偵查任務就是搞清外星人的形態，弄清他們是生物體還是金屬體。

如果是生物體，他們就能被我們的熱能武器或者動能武器殺死。當然我們需要進一步研究外星人的致命部位，這需要捕捉一個活體做實驗。一旦找到了外星人的致命部位，要迅速地在人類中間傳播這個訊息，以提升全體人類戰士的士氣。

如果是非生物體，就很可能是像變形金剛這樣的金屬形態的智能生命，此時我們就必須明白常規的人類熱能武器很難對其造成傷害。需要研究敵人是由哪種主要金屬元素構成，好在這個宇宙中已經沒有人類不知道的化學元素了。此時，擊敗外星人的關鍵在於化學，人類的化學家必須盡快找到對這種金屬元素構成致命腐蝕的化學製劑。一旦這種製劑的配方被確定，利用一切通訊手段在人類中間傳，迅速組織生產這種化學製劑。

作戰的第三階段：反攻。

在人確定了外星人來地球的目的以及他們的基本形態、科技情況等情報後，就可以組織實施對外星人的反攻作戰，反攻作戰要分成幾個階段

來實施。首先是試探性的騷擾作戰，主要是進一步驗證情報的可靠性，尋找給敵人造成傷害的最有效方法。人類在第一個階段的戰鬥過程中逐步了解敵人，該階段一定會有大量犧牲，但這些犧牲也一定會換來對敵人的深入了解。在第一階段的戰鬥中，有一件很重要的事，就是把分散在全世界各地的作戰單元聯結在一起，逐步形成統一的作戰指揮體系。我們還要尋找到最安全、高效的通訊方式，在敵人強大的科技文明下面一定也會有漏洞，捕捉到敵人的漏洞，建立屬於人類特有的信息傳遞方式。

隨着與外星人作戰頻率的增加，隨着人類對敵人了解的深入，就可以開始制定人類最終的大反攻計劃。作戰的第二階段就是對大反攻計劃中的每個細節進行驗證。

如果外星人的目的是掠奪人類本身：

那大反攻計劃的終極目標是要將一個個「炸彈人」送上外星人的基地和飛船，最終同時起爆，給敵人一個措手不及。為了實現這一終極目標，必須把目標細分成很多步驟。我們必須搞清楚人類在被外星人捕獲後的遭遇，才能知道該如何欺騙外星人使之相信「炸彈人」是一個他們需要的「普通人」。還要搞清楚外星人基地或者飛船中的內部結構，仔細計算需要多少個「炸彈人」同時起爆才能給與致命的打擊。類似這樣的細節問題會有很多很多，我們必須不厭其煩地把計劃分解到很細，確保對每一個環節都模擬測試過。

如果外星人的目的是為了殖民：

那大反攻計劃就是以消滅敵人的有生力量和破壞敵人的基地、飛船為終極目標。我們會相當的艱難，在敵人強大的科技面前，我們就好像是冷兵器時代的原始人面對現代化的機械部隊。雖然技術上完全處於下風，但我們依然不能放棄信念，因為冷兵器同樣可以殺死敵人。經過漫長的第一階段作戰的大量犧牲，我們此時已經找到了最有效殺死敵人的方法，我們的武器雖然遠遠落後於敵人，但我們肯定擁有一個巨大的優勢：我們是在這個星球上幾十億年演化出來的生物，我們對地球的環境一定比外星人更適應，他們不可能剛好完全適應地球的環境，他們必然要藉助一些特殊的輔助維生設備來保持在地球環境的生存，而這就是我們的機會。敵人的飛船和基地也一定需要後勤補給，而來自遙遠星際的外星人不可能得到來自本土的補給，一定是直接利用地球上的資源進行補給。那麼，搞清楚敵人的補給來源並破壞、騷擾也將成為人類的機會之一。

大反攻是地球人取得最後勝利的決定性戰役，反攻計劃經過了長達數年的精心策劃，每一個步驟都需要得到驗證，以確保所有的環節都能環環相扣。決戰的關鍵在於所有人類的分散作戰單元能夠有效地協同作戰，我們將從地球上的各個角落中同時出現，對外星人的基地、飛船實施打擊。我們必須要擁有這樣的信念，人類在這場與外星人的不對等作戰中是有可能勝出的，之所以有這個可能性，並不是因為我們的盲目樂觀和妄想。我們與外星人最大的不同在於，地球是我們的唯一，而對

於能夠跨越星際空間來到地球的外星人來說，地球並不是他們的唯一選擇，他們既然能找到地球，就一樣能找到別的宜居星球。從這個意義上來說，地球人必然會戰鬥到最後一人為止，因為我們完全沒有選擇。而外星人則不必跟我們一樣非要戰鬥下去，他們有其他選擇。所以只要人類能堅定不移地不斷對外星人實施打擊，就有可能讓外星侵略者覺得繼續在地球上與人類周旋性價比太低，不如去尋找另外一個宜居星球更劃算。當然，我們都知道地球在宇宙中絕對是一顆稀有而珍貴的行星，想要讓外星人放棄絕不是一件易事，因此付出巨大的犧牲是必然的，但絕不能放棄信念，延續人類的文明是每一個作為人類這個物種的個體的神聖使命。

（以上為筆者指定的行星防禦計劃綱要全部內容）

我作為一個軍事小白制定的以上計劃純屬開腦洞式的空想，各位讀者權當一個科幻故事隨便看看即可。我的一位軍迷朋友也對這樣的開腦洞很感興趣，他就是音頻自媒體節目《軍武影評》的主播徐愷，他是一位資深的軍迷，下面我分享他為人類制定的外星人防禦計劃綱要，僅供各位讀者參考。

徐愷的《行星防禦計劃》隨想

本計劃是基於以下一些基本前提假設而制定，離開了這些假設，則本計劃毫無意義：

第一，我們假設入侵地球的外星人是一種我們可以理解的外星人。外星人作為生物可以是碳基、矽基，但在材料、形態上是宏觀的、與我們世界的生物相似的，都要進行能量和物質的循環，都有生死，是可以被現有的武器和方法所傷害和殺死的（雖然也許比我們要困難一些）。擁有我們可以理解的科技水平。他們的科技雖然比我們高，但還是在我們可以理解的範圍內，包括他們的飛船和武器，都是可以被我們用某種方式探測和對抗的；

第二，從即日起到與我們產生實質性接觸還有至少 60 年的時間。

導言

我們需要認識到，即使對抗這樣的外星人也將是非常困難的。其中最困難的並不是來自於外星人，而是來自人類。自人類誕生以來，從原始社會到擁有最新科技的現代，「人類」作為一個共同體，從來沒有遇到過一個共同的（區別於地區性的）、急迫的（區別於全球變暖這樣緩慢發生的）、嚴重的（區別於食品短缺這種對於「人類」來說不致命的）危機。所以全世界人類從來沒有真正地、無私地團結起來，為一個統一的目標奮鬥過。這裡面最根本的原因，就是每一個人都擁有完整而獨立的思維器官 —— 大腦。這就決定了沒有任何兩個人的認知是完全一樣的，哪怕再無私也不行。

舉個例子：一個母親可能會對自己的子女做到非常的「無私」，但這並

不一定是子女也同樣認可和期待的。母親可以為救落水的兒子犧牲生命，但兒子並不一定也認可母親這樣做。所以，即使母親和兒子都非常「無私」，但是他們的認知依然並不統一，而是都希望對方過的更好。

當人類第一次面對一個共同的、急迫的、嚴重的危機時，例子中的無私並不能起任何作用，甚至會有反作用。比如一個對兒子「無私」的母親，可能會為了保護兒子而阻止他踏上與外星人作戰的戰場。畢竟，如果自己摯愛的人犧牲了，全人類的存續又有甚麼意義？就算單純基於生物本能進行思考，如果存續下去的不是那一個屬於「我」的特定的基因，全人類基因的存續又對「我」有何益處？

這樣的思維方式決定了，在現有情況下，無論面臨的危機多麼巨大，人類也不可能真正地團結起來。這在地球的自然發展階段無疑是有益的，豐富的思想和利己的動機是人類社會繁榮與發展的原動力。但是當面對外星人這樣的危機時，任何利己的思想都會起到負面作用，會讓我們本就渺茫的勝利希望進一步減小。這時候，豐富的思想和靈機一動的「靈感」對我們的幫助，遠不如統一的思想和犧牲的精神。正如當蟻穴被食蟻獸破壞時，所有的螞蟻都會不顧生死地進行反抗，來保護蟻群生存下去的關鍵 —— 蟻后和卵。在對抗強敵這一點上，螞蟻這種生物為我們做出了非常好的表率。

因此，在面對外星人的危機時，人類第一個重要任務是改造自身，通過某種方式統一全人類的思想，讓每一個個體人都成為「蟻群」的一部

分。為了實現這個目標，我們將大力發展現有的基因技術，以盡快達到可以應用的水平。

我們當然清楚，這樣的改造是殘酷的，反人性的，即使我們從危機中幸存下來，也將受到無可挽回的深深的傷害。文學、藝術、娛樂、商業，這些人類文明最璀璨的明珠，將在至少一兩百年的時間裡無法恢復，至於之後能恢復多少也是未知數。更嚴重的，是人類個體的思維能力和交流能力，將被限制在非常低的水平，這將進一步限制人類文明的恢復。但是正如前面所述，這些在人類的存亡危機面前，都將是必要的犧牲。

本計劃具體內容

1. 外星人預警系統

目標：建立以冥王星平均公轉半徑為半徑的外星人預警範圍

期限：40 年

計劃：

1）研製包括可見光、電磁波、α 射線、引力波的綜合探測器；

2）從現在起的 40 年內，陸續發射 6 萬枚綜合探測器到太空中，探測

器以球面形狀排列在距離太陽五個天文單位的距離上，每個探測器負責在天球上相應區域的方向上探測各種外星人的跡象。

2. 人類改造系統

目標：建立隨時可以在 5 年內將全人類改造成「蟻群」的系統

期限：60 年

計劃：

1）盡可能快地研製出可以將人的思維能力改造至極底水平（僅可以進行基本交流並完成中等複雜工作）、並且可以通過某些方式進行控制的技術，將所有人類改造成隨時可以轉換至此狀態（我們稱此狀態的人類為改造人）。在過去，這種技術幾乎是不可想像的。但是在今天和未來的 20 年內，由於基因技術、人機工程等技術的飛速發展，我們可以通過在人腦中植入一枚微型生物計算機來改造一個人的智力、性格和記憶，把人改造成「蟻群」中的一員更是不在話下。

另外，在不遠的將來，向人腦中植入芯片也將是一件平常之事。20 年後，人們不再需要時刻抱着自己的手機 —— 手機已經植入到人們的大腦裡，而且功能比今天的手機強得多。這些基於生物技術的微型芯片可以與人的神經系統實現無縫連接，增強人腦和身體的各項屬性。

這些理所當然，在需要的時候，也可以降低人的屬性。當所有人的大腦裡都植入了芯片的時候，改造全人類就像今天統一更新一次 iOS 系統一樣簡單。只需一次更新，全世界所有人即將放棄自己的人格、意識和七情六慾等等一切牽絆，成為「蟻群」忠實的一分子。

2）光有忠誠的「工蟻」和「兵蟻」是遠遠不夠的，我們還需要至少兩種擁有更高智慧和思維的人：

足夠多的技術人員，用以保證我們用來對抗外星人的科技發展和計劃的執行。這類人我們稱作①型人，主要包括科學家、醫生、技術人員、軍官等。根據需要，①型人也會進行不同程度的改造，以避免產生危害整個計劃的思想和行動。

足夠多的精英人士，用以充當整個「蟻群」的「大腦」，並同時擔負起一個更重要的任務，那就是延續人類的基因。這類人我們稱作②型人，主要包括地球領袖、科學家、藝術家、商業等各行業精英等。人類之所以超脫於其他物種，靠的是大腦而不是其他。這些人恰恰是人類最優秀大腦的擁有者。②型人完全不進行任何弱化屬性的改造，以保持人類這一種群在危機中的思考、應變、管理能力。②型人的選擇是本計劃的重中之重，甚至直接決定了計劃的成敗。如何選擇他們，是今後本計劃需要逐步完善的部分，現在，我們只對此提出幾點原則性設想：

②型人的總數量應在 20 — 50 萬之間，並儘量保持合理的性別比例，以

保證種群基因的多樣性；綜合智力水平和某些方面的特殊天賦應該是選擇②型人的首要因素；在上一條的基礎上，應儘量增加②型人在人種、民族等方面的多樣性，但不應以此為原因影響上一條原則。

3. 外星人防禦系統

目標：實現可以在 2 個天文單位內（相當於地球至小行星帶的距離）進行機動作戰的太空軍隊

期限：60 年

計劃：

1）在 10 年內研製出可以將人和物資運載到太陽系邊緣的技術。

2）在 30 年內研製出可以在太陽系範圍內進行機動的宇宙飛船，這種飛船應該具有：

　a. 可以使用太陽能或核能驅動，以擺脫傳統燃料的限制，在不補充燃料的情況下具有一個天文單位的續航能力和相應的機動性。

　b. 先進的探測和通訊系統，可以隨時與地球通訊和接收外星人預警系統的信息。

　c. 有足夠的運載能力，可以運載足夠多的人員和裝備進行太陽系內

機動作戰。

d. 有足夠和生命維持系統，可以維持一隻太空軍隊的長期需要。

3）在 30 年內研製出可以在太空中摧毀敵人大型飛船的武器，主要研究方向應為超遠程發射的熱核武器和激光武器。

4）在 60 年內在太陽系中部署足夠多的裝有武器的太空戰艦，由改造人組成的軍隊操作它們。我們必須意識到，在地球上超越常規武器存在的核武器，在太空中面對外星人的時候，可能只是入門級的「常規武器」。為了給外星人造成足夠的傷害，我們必須用這樣的「常規武器」對外星人進行飽和攻擊，再考慮上我們佈放的範圍之大，以及戰爭中大量的消耗，所以戰艦的數量必須要保證，初步估算至少需要 60 萬艘，每艘戰艦的基本性能數據如下：

戰鬥全重：500 — 1000 萬噸

動力裝置：12 — 16 台氣體核心核動力發動機，單台比衝量 [1] 5000 秒

1　比衝量（specific impulse）：「比衝量」是動力學家衡量火箭引擎效率的一種標準量，它是火箭產生的推力乘以工作時間再除以消耗掉的總燃料質量。如果力和質量都用千克，比衝量的單位就是秒。可以理解為火箭發動機利用一公斤燃料可以持續多少秒一直產生一公斤的推力。比衝量越高，火箭的總動力越大，最終的速度越快，典型的固體火箭發動機的比衝量可以達到 290 秒，液體火箭主發動機的比衝量則是 300 至 453 秒。

巡航速度：100km/s

武器：2台超大型激光武器，單台輸出功率 1000 兆瓦，射程 5 萬公里；24 枚太空製導氫彈，射程 100 萬公里，單枚當量 10 億噸（相當於人類製造過的最大氫彈「大伊萬」的 10 倍）。

人員：1 萬人，其中①型人約 100 人，包括：艦長 1 人、副艦長 4 人（分管機動、戰鬥、設備和通訊各 1 人），武器、技術和通訊專家共約 90 人；其他人員均為改造人。

4. 緊急情況預案

我們必須考慮到，外星人以上面的方式出現在我們身邊的可能性是微乎其微的。如果外星人只能留給我們 1 年左右的時間，我們應該如何應對呢？如果這樣，我們必須不得不承認，在此情況下任何抵抗都會是徒勞的，應該立即啟動兩個緊急計劃，以換取微小的種群延續的可能：

1）蒲公英計劃

顧名思義，該計劃的目的就是把人類的基因發射到太空，在地球注定被摧毀或奴役之前流浪到宇宙中。為此，我們應該以地球上可以使用的所有可以發射至第二宇宙速度（即脫離地球引力控制）的航天器，裝載含有人類活體 DNA 的生殖細胞（受精卵）和必要的維生設備，向天空

發射無數「蒲公英」，以期待其他外星文明可以拯救我們。

2）史詩計劃

這一計劃的目的是向宇宙廣播人類文明的基本信息，證明「我們曾經來過」。與小說《三體》中我們廣播地球和三體星座標不同，這一計劃並不指望有宇宙中的其他文明來拯救我們，而是讓「人類曾經存在過」這一信息發送到宇宙中。我們無需擔心有沒有外星文明可以收聽到，也無需擔心外星文明能否聽懂，因為只要我們廣播出去，在今後無限長的時間和空間維度中，總有「人」會聽到並聽懂我們。就像我們每一個獨立的人類個體一樣，當死亡最終來臨的時候，最重要的不就是讓後人記得「這世界我曾來過」，不是嗎？

四　外星人防禦計劃的最高綱領

在與外星人的遭遇中，我們必須豎立一個正確的最高綱領，人類的任何行為都應當不與這個最高綱領相衝突，那就是：延續人類文明是我們唯一的最終目的。

對於人類來說，我們有幾種不同的生存方案。第一種稱為強生存方案：他們走，我們留下來。這當然是最好的一種生存方案，這表明人類在這

場終極戰鬥中取得了最後的勝利。我們或是消滅了他們，或是成功地迫使他們離開地球。但是我們必須清醒地認識到，這種強生存方案很可能是希望最渺茫的一種生存方案。我們必須考慮第二種生存方案。

那就是次強生存方案。也就是我們走，他們留下來。我們可以走到哪裡去呢？在太陽系中，最佳的次生存地就是火星。以人類目前可以展望的技術，我們完全有可能將火星改造成適合人類生存的宜居行星，但人類的人口在很長一段時期內，只能維持在一個很低的水平。除了火星，木星和土星的衛星，也是我們可以選擇的次生存地，尤其是木衛二歐羅巴，土衛二恩賽勒達斯，它們表面是巨大的冰層，冰層下面有液態水構成的海洋，其生存環境與地球上的北極相似。不過次強生存方案成功的可能性也不是太高，因為要說服外星人讓地球人在太陽系中保留一片居住地，從本質上來說是一種交易，而人類現在看來似乎找不到可以對等交換的東西。但現在沒有並不說明一定沒有，在與外星人長期的戰鬥中，或許我們能找到對方需要的東西，那這種交易，也可以稱為和談就成為可能。一旦我們找到了可以與外星人交易的東西，不管是有形的還是無形的，我們都應當積極開展對話，始終牢記延續人類文明是我們的最高綱領。在努力尋找次強生存方案的同時，我們必須為弱生存方案做努力。

第三種弱生存方案，被稱為星艦文明。在太陽系中也找不到立足之地，我們只能離開太陽系，飛向茫茫宇宙的深處。要實現這個弱生存方案，關鍵的技術有兩項，一個是可控核聚變技術，一個是自循環生態系統。

這兩項技術都不是甚麼人類不可企及的遠未來技術，我們已經處在了這兩項關鍵技術突破的前夕。一旦外星文明飛向地球的事實被確立後，人類必須集中全世界的力量投入到這兩項技術的研發中。從人類發現外星人的飛船到外星人抵達地球的這段時期，被稱為備戰期，以人類文明目前達到的高度，這段備戰期少則幾年，多則幾十年甚至上百年。如果全球的資源在備戰期向這兩項關鍵技術傾斜，估計可以在 10 年左右達成實用化。如果此時依然處在備戰期，人類社會應當迅速組織一支文明火種隊，開啟向宇宙深處的遠航，很可能就是一次沒有歸期的遠航。航行的方向應當是迎着外星飛船飛向地球的方向，而不是朝着外星飛船前進的方向逃離。因為儘管我們的飛船在航行的初期會與外星飛船越來越近，但運動的方向是相反的，外星人的飛船如果要追上我們，必須先減速再加速追趕，而我們的航行方向如果和外星飛船一致，則他們只需要分出一艘飛船繼續加速追趕，他們已經保有的速度不會有絲毫的浪費。所以，航行的方向千萬不能搞錯。

但弱生存方案想要成功也依然困難重重，首先面臨人類本身的道德問題，誰走誰不走是一個很容易引發全社會爭論的話題，在實際操作上也會面臨巨大的挑戰。但還是有可能成功，因為在備戰期我們並不能確定外星人來地球的真正目的，惡意和善意的可能性都存在，此時坐上恆星際飛船逃離地球，冒九死一生的風險與在地球上被外星人消滅的風險並無本質的區別。所以，人類社會的道德壁壘並不會非常堅固，總是會有自願走和自願留的人。不過，我們必須認識到，最大的可能性是人類在備戰期雖然實現了關鍵技術的突破，但離真正建造出可供幾百甚

269

至上千人乘坐的恆星際飛船還有非常大的差距。那麼此時，我們就應當實施次弱生存方案。

第四種次弱生存方案，也被稱為文明播種計劃。同樣是逃離太陽系，但是宇宙飛船上裝載的並不是人，而是人類的精子和卵子，也可以是其他人工形式保存的人類 DNA 信息。在這種情況下，宇宙飛船的載荷需求就可以大大降低，飛船的質量也可以大大降低，那麼就更容易達到恆星際航行所需的速度。每一艘這樣的飛船都是一艘人類文明的播種機，目的就是尋找宜居行星，然後播下人類的種子，哺育人類的嬰兒，使其在新世界繁衍生存。當然，這面臨的技術挑戰也非常大，但相比於載人恆星際飛船來說，技術難度要小一個數量級，隨着人工智能的迅速發展，將人類的受精卵哺育成 10 歲左右能自食其力的兒童，也並不是一項無法想像的技術，集全球之力與可控核聚變、自循環生態系統同時投入研發，是有可能同步完成的。最後，我們還有第五種最弱生存方案。那就是第五種文明漂流瓶計劃。將人類文明的一切信息都數字化，包括人類的科學、藝術、文化、歷史、哲學等，還有地球上包括人類在內的各種物種的 DNA 序列信息全部都數字化存儲在芯片中，搭上宇宙飛船，向宇宙的深處飛去。這種宇宙飛船，只能稱為一個文明的漂流瓶，他並不是文明本身，但卻有可能在更加高級的外星智慧文明的幫助下復活，雖然只存在理論上的可能性，但畢竟為人類文明的延續保留了最後的一絲希望。這個計劃應當從備戰期開始就反復實施，隨着人類技術水平每上升一個台階，我們就應該重複實施一次，用更高速的飛船，搭載更多更詳細的文明數字信息，向不同的宇宙方向發射再發射。但應當注意一

點，不能在這些數字信息中包含任何太陽系在宇宙中位置座標的信息，這一點如果不注意，很可能會給地球引來另外一場災難。

最後，我想再次強調，最高綱領決定了人類所採取的行動，如果最高綱領並不是延續人類文明，而是與地球共存亡，那人類所採取的措施也會完全不一樣。在我看來，沒有甚麼比延續人類文明更加重要的了，如果為了這個目的，我們不得不暫時放棄人性，那我會選擇暫時放棄人性。2007 年 8 月 26 日，劉慈欣在成都的科幻大會上，與交通大學的江曉原教授有一次對話，在這次對話中，劉慈欣就提出了一個思想實驗，他問江曉原，如果在某種特殊的情況下，我們倆只有吃掉美麗的女主持人才能讓人類的文明延續下去，你吃還是不吃？江曉原表示堅決不吃，寧願放棄整個人類文明。而劉慈欣堅決要吃，為了人類文明的延續。這種問題，恐怕已經上升到了哲學的終極命題的高度，各自的選擇似乎都有道理，但我也公開表明我的立場，堅定地站在劉慈欣這一邊，如果有必要，我還願意讓他再把我也吃掉。

五　天眼之戰

本節內容均為虛構，是一篇科幻小説，目的是為了把本書講到的重要知識點用一篇小説串聯起來，以加深各位讀者的印象。這篇小説的廣播劇（舊名《悟空之戰》）可以在網絡電台欄目「科學有故事」中找到。

天眼

公元 2019 年 10 月 1 日，中國貴州，南州平塘縣。

在北京舉行中華人民共和國成立 70 周年的盛大閱兵儀式的同時，在貴州省的這個偏遠的山谷中卻集中了幾乎全世界所有知名的天文學家。全世界最大單口徑的電波天文望遠鏡「中國天眼」終於在今天迎來了落成的日子，國際天文聯合會（IAU）的主席賈斯比博士親自來到貴州為天眼剪綵。

經過整整 12 年的建設，「天眼」終於將在今天正式啟用。這台超級電波望遠鏡其實就是把一個巨大的天然山谷規整成一個標準的鍋型，它的表面積足足有 30 個足球場那麼大，在它巨型的拋物面上貼了 102 萬片純鋁片。在天宮一號上也能用肉眼看到這口全球最大的「鋁鍋」反射的光芒，它毫無疑問將成為 21 世紀人類最偉大的工程之一。

天眼的建成是全球天文界的一件盛事，同時也是全球 SETI（地外文明搜尋）愛好者的盛事，因為天眼一下子把人類尋找外星人的能力提高了50 倍。

汪若山

汪若山博士，42 歲，天眼 SETI 項目的首席科學家，畢業於美國康奈爾

大學的電波天文學專業，師從美國最著名的電波天文學家法蘭克·德雷克，曾經在美國阿雷西博電波天文台工作過 5 年。他在 30 歲時以一篇《系外行星大氣層的電波天文實證》的論文引起了全世界同行的關注，在這篇論文中他第一個提出了一套如何隨利用大型電波天文望遠鏡觀測到系外行星大氣存在證據的方法，以及如何分析大氣成份的方法。

汪若山從小就是一個外星人迷，喜歡看跟外星人有關的一切書籍和電影，特別是投在了導師德雷克門下攻讀研究生後，受大師德雷克的影響，對尋找外星人就更加癡迷了。

能夠成為天眼電波望遠鏡的 SETI 項目負責人，是汪若山這輩子最大的夢想，為了能夠競爭到這個職位，他付出了大量的努力。不但在學術上要能夠通過嚴苛的考核，在心理素質上也必須通過極為複雜的審查流程。對該職位負責人的心理素質的審核其實是對汪若山在信念上的一次全面考核。

這是因為經過半個多世紀的大辯論，最終反 METI 派（給外星人主動發射信息的方法被稱之為 Message to the Extra-Terrestrial Intelligence 簡稱 METI，也可以稱之為「主動 SETI」）佔據了絕對上風。他們推動 IAU 通過了 SETI 國際公約，禁止一切未經授權的 METI 行為。

而掌握了像天眼這樣的大型電波天文望遠鏡控制密鑰的這些人被 IAU 稱之為「信使」，「信使」必須在信念上完全支持 SETI 國際公約。而汪

若山則是所有「信使」中安全級別要求最高的，因為他所掌握的天眼的綜合性能是排名第二的阿雷西博的 50 倍。

IAU 為了防止誤操作或者「信使」的心理失控，制定了一整套極為嚴格的流程來限制天眼對外發射信息，流程之複雜，規定之嚴格，不亞於核大國啟動對他國全面核打擊的流程。

然而，這個世界上只有 2 個人知道汪若山其實在內心深處是一個堅定的 METI 擁護者，一個人是他的導師德雷克教授，另一個人則是汪若山自己。

德雷克

此時的汪若山正坐在自己的辦公室中打開平板電腦，一封帶有 IAU 標誌的加密公函正提示他閱讀。打開之後，首先跳入眼睛的是 NASA 的藍色標誌。汪若山心念一動，他知道，這或許就是他期待已久的那封郵件。

汪若山打開郵件閱讀起來，沒錯，這正是他精心計算了五年之久的那個啟動計劃的關鍵郵件，他知道這封郵件遲早會來，但是真當它出現的這一刻，他依然忍不住緊張了起來，手心中全是汗。

這是一封 NASA 通過 IAU 轉發過來的希望取得天眼幫助的正式公函，

信的內容很簡短：

尊敬的汪若山博士：

　　我們在 1977 年發射的航行者 1 號探測器已經到達電力的極限，我們所有的電波望遠鏡能夠發射的信號功率都已經達不到它能接收的信號功率下限。我們希望取得天眼的幫助，替我們向航行者 1 號發送必要的指令。

謝謝。

NASA

汪若山把這封郵件讀了好幾遍，這是一封意料之中的郵件。此時，他陷入到了一種極為複雜的情緒之中，6 年前的往事重新浮現在他腦海中。

6 年前，在德雷克教授的家中，汪若山與老教授有過一次長談。

已經 80 多歲高齡的德雷克教授精神依然矍鑠，在天文界也仍然活躍。作為 SETI 事業的奠基人，德雷克在上世紀 60 年代提出的外星文明與地球文明接觸可能性的估算公式影響深遠。

汪若山敬重老教授如同敬重自己的父親，師生倆有着相當深厚的感情，這次時隔多年再次相見，自然有許多話要講，但很快，三句話不離本行，兩人又談起了外星文明的話題。

汪若山說：「教授，這裡只有我們兩個人，我很想問您個私人問題。」

德雷克抬抬手：「但說無妨。」

「40 年前，在您的主持下，人類朝武仙座 M13 球狀星團發射了阿雷西博信息，您現在有沒有一點後悔呢？」

「你希望我後悔嗎？若山。」

「教授，我也知道這是個偽命題，再去談後悔不後悔已經毫無意義。我只是想知道這麼多年來，您的觀點是否有了變化？」

德雷克微笑了一下「有變化。但恐怕要讓你失望的是，我比 40 年前更加感到 METI 的迫切，而不是後悔。」

汪若山問：「為甚麼？」

德雷克反問道：「你覺得一個落水的孩子靠自己的力量能獲救嗎？」

「很難。」

「是的，想要自己學會游泳而獲救，很難，他需要別人的幫助。這 40 年來，我沒有看到人類在一點點學會游泳，恰恰相反，我們越陷越深。僅

僅 40 年，森林減少了一半，而沙漠增加了一倍，越來越多的國家擁有了毀滅世界的核武器，世界滅絕的核按鈕從 2 個增加到了 8 個，溫室效應已經導致全球的氣溫升高了 2 度，乾淨的飲用水源減少了 30%，還要我再說下去嗎？」

汪若山歎了口氣：「這些確實是令人痛心的事實，但外星文明就一定能成為人類的救世主嗎？」

「我不知道，正如你也不知道人類是否一定能自己學會游泳一樣，我們都不知道。我只知道這個世界在越變越糟糕，我們總該為此做點甚麼吧？」

「但 METI 的後果可能是人類的滅頂之災，至少，這個風險是存在的，我們值得去冒嗎？」

德雷克看着汪若山，緩緩說道：「孩子，我堅信一個能夠跨越恆星際空間到達地球的文明至少是一個徹底解決了能源問題的 II 類文明，我們在他們眼中只是宇宙動物園中的一頭珍稀動物，我實在想不出一個 II 類或者 III 類文明去滅絕宇宙間如此稀有罕見的生命的理由。是的，我確實給不出證據，但這無關證據，這是我的信仰。人類文明是一個已經落水的孩子，我們應當大聲叫一聲 Help！」

汪若山突然顯得有點激動：「教授，我想告訴您一個秘密。」

「甚麼秘密？」

「我也是一個堅定的 METI 擁護者，但是我從來沒有對外界暴露這一點，因為我決定要去競爭『信使』。」

德雷克顯得有點吃驚：「若山，一直以來，你都是以一個反 METI 者的面目出現的，你是怎麼突然轉變的？」

「教授，實不相瞞，我的觀點其實早在跟您讀研究生期間就形成了，但我一直把自己扮演成一個反 METI 者，那是因為我有更長遠的考慮，我需要尋找實現自己信仰的機會。」

「我感到非常意外，那麼你自己是怎麼看待那些對 METI 的普遍質疑的？」

「雖然我跟您一樣，支持 METI，但是，我跟您的理由卻很不一樣。我承認 METI 的風險，但在我看來，METI 是現在人類文明能夠給自己在宇宙中留下一點足跡的唯一方式。換句話説，我想建立一個太空中的地球文明博物館。」

德雷克這次是真的吃驚地望着汪若山：「實在想不到，你竟然有這樣的想法？」

汪若山站起身走到窗前，望着綠樹掩映中碧藍的天空，侃侃説道：「這個宇宙中有生就有死，文明也不能例外。地球文明在浩瀚的宇宙中如同一顆小小的火苗，只需要小小的一口氣，就會被吹熄。我們面臨來自宇宙的危險，也面臨來自人類自身的危險。我不知道人類文明還能存在多久，但作為人類的一分子，我希望我們這個在宇宙中或許僅僅是幼稚的嬰兒文明也能留下我們存在過的痕跡。以我們現在的科技，想在地球上保存 100 萬年以上的信息的唯一方式只有一種，那就是石刻，而 100 萬年對宇宙來説實在是是太短暫的一瞬，想要建立一座真正的人類文明紀念碑，我們必須把目光投向太空。」

德雷克：「先驅者 10 號、11 號，航行者 1 號和 2 號，都已經把人類文明的痕跡帶向了茫茫太空。」

汪若山回過頭笑了一下，接着説道：「教授，我們不需要自己欺騙自己。人類的探測器哪怕在最理想的狀態下，也需要至少 2 萬年才能真正意義上飛出太陽系而已，而要飛到下一個恆星系至少也需要 10 幾萬年。如果遇到星際塵埃，這幾乎是肯定的，探測器的速度會被逐漸降為零，最後只不過成為太陽附近被塵埃包裹停滯不前的一塊金屬垃圾而已。或者，它的命運也逃不過被恆星或者黑洞俘獲，永遠地消失掉。這就好像人類在海邊扔出一顆石子就以為石子會自動漂洋過海了一樣。而我要用無線電波載着人類文明的信息，在宇宙中迴蕩，永久地保存下去。」

德雷克點點頭說：「不可否認，你的這個想法很有意思。雖然從理論上來說，無線電波永遠不會真正地消失掉，他們會在宇宙的虛空中無休止地傳播出去，但是無線電波會擴散和衰減，恐怕不會像你想像的那樣樂觀，幾十萬甚至幾百萬年以後，它會微弱到不可能被其他文明所捕獲。退一步說，即使有那種級別的文明存在，那麼地球自發明無線電波以來，無數電台、電視的無線電信號已經在宇宙中擴散出去了。」

「有所不同，教授。我最近的一項研究已經從理論模型上證實，如果把一束特定頻率的無線電波朝一顆恆星發射，只要功率達到一個閾值，這顆恆星就如同電波望遠鏡陣列中的一個，將會轉發這束電波。於是，宇宙中的恆星就像一個個的中繼站，會形成鏈式反應，電波將在恆星之間被不斷地轉發。人類文明的信息將被永久地保存在這束在宇宙中穿行的電波中，直到宇宙消失的那天。並且最有意思的是，經過我的計算，電波的路徑會先在銀河系中隨機地穿行，平均每 1000 年左右被一顆恆星阻擋從而被轉發改變路徑，就好像是在撞球桌上的一個撞球被撞向另一個方向，在這個過程中有一萬分之一的機會直接飛出銀河系，傳播到下一個星系中。打個粗糙但是形象的比喻，這座電波中的人類文明紀念館將在宇宙中旅行，在每個星系停留 1000 萬年左右，中途經過 200 萬年左右的旅行到達下一個星系。但我的這項研究成果並未對外公佈，IAU 也是不可能支持我的設想的。」

德雷克聽完汪若山的話，沉默了良久，說：「我會為你保守這個秘密。」

方涵

汪若山的回憶被一陣敲門聲打斷。

「請進」汪若山說。

推門進來的是一位年輕的女性，一頭幹練的短髮，勻稱的身材，顯得非常健康而有活力。

她是汪若山帶的博士後研究生兼行政助理，叫方涵，今年剛過 30 歲，但看上去就像 20 出頭，她保持青春的秘訣經常掛在嘴邊：「沒甚麼神奇的，天天蛋奶素加天天運動，你也能跟我一樣。」

方涵一進門便對汪若山說：「老闆，IAU 那邊來電話了，讓我來問問你 NASA 的求助函收到沒？老外好像挺着急的。老闆，甚麼事啊？」

汪若山：「NASA 想請求天眼接管航行者 1 號的測控，我會馬上回覆 IAU，我個人沒意見，很樂意承擔這個工作，但還需要上級批示。你要知道，啟動天眼的大功率定向發射不是我一個人做主就可以的。剛好，你替我打一份報告給中科院的領導，把情況說明下，爭取領導的同意。別忘了把正面積極意義寫的高一點，大一點。」

方涵：「收到，老闆。這個我擅長，你放心好了，本人最擅長從和諧社

會以及國防大計兩個角度同時論證該項目的深遠意義。」

汪若山衝方涵笑了笑，這個年過 30 但總是脫不了大學生氣息的女孩很會討老闆高興。

方涵說了聲「先閃了」，迅速地消失在門後。

一週後，中科院批示下來，正式同意該合作項目。很快，經過中美雙方協商，該項目正式被命名為「握手」計劃。喻示着兩層含義，一是表示中美兩國在深空探索領域首次握手合作，二是表示天眼和航行者 1 號的首次握手。

並且上級正式任命汪若山為握手計劃的中方領導人，任命方涵為握手計劃的首席聯絡官及新聞發言人。

任命下達後，汪若山和方涵兩個人都各自忙碌起來。看起來這僅僅是對一顆美國人在 40 多年前發射的小小探測器的深空測控，但其實這裡面牽扯到無數複雜的問題，有技術方面的，也有政治方面的。

航行者 1 號是離地球距離最遙遠的一顆人造物體，而天眼則是地球上最大的一台「發報機」，中美這兩個超級大國在太空科學領域又是第一次正式合作，這許多個第一給握手計劃披上了很多不同的外衣，也引發了各國媒體的高度關注。

方涵在私下的聯絡交際場合就像一隻百靈鳥一樣活潑機靈，但是一到正式的媒體新聞發佈的場合，穿上職業裝，就突然像換了個人一樣，變得穩重和謹慎。汪若山對方涵的表現始終感到滿意。

握手

在握手計劃正式啟動的一個月後，在多方的努力下，終於一切準備就緒，今天開始第一次天眼和航行者 1 號的正式握手。

在正式握手前，會有個簡短的儀式，來自中美雙方的官員和 IAU 的高級代表均到現場參加儀式。

NASA 代表將航行者 1 號的指令解密芯片正式移交給汪若山博士，意味着航行者 1 號的測控權限正式移交給天眼。根據合作協議，汪若山也將天眼信息監控通道的鑰匙芯片交由 NASA 的代表，從此 NASA 也可以實時共享天眼收到的來自航行者 1 號發回的信息。

汪若山將芯片插入主控電腦，沉着地發出口述指令：

「天眼朝向：赤經，17 時 30 分 21 秒；赤緯，正 12 度 43 分。」

操作員回覆：「已就緒」。

「1 號機位開機。」

「正常。」

「2 號機位開機。」

「正常。」

「指令校驗。」

「通過。」

「發射！」

「已發射。」

汪若山轉身朝方涵示意她可以發言了。

方涵對所有現場觀摩的官員說：「請各位領導和同行們先回去休息。航行者 1 號目前距離地球 153 個天文單位，天眼的指令將在 20 小時 27 分鐘後到達。再經過同樣的時間，我們可以接收到航行者 1 號的反饋信息，也就是說，第一次中美太空握手成功的消息將在 40 小時 54 分鐘後向全世界宣佈。」

天眼與航行者 1 號握手

現場響起了掌聲，隨後人群漸漸散去。

汪若山對方涵説：「方涵，你也去休息吧，這幾天可把你累壞了，我還要花點時間把所有的參數和指令數據再核對一遍。」

方涵：「老闆，那我可就不客氣啦，我這繃緊的弦總算也可以鬆一下了，明天見。」説完，方涵做了一個誇張的打哈欠的動作，朝汪若山做

285

了個鬼臉，轉身就跑了。

汪若山微笑着看着方涵轉身離去，笑容一下子就收住了，轉而是一副非常嚴肅的表情坐回了主控電腦的旁邊。

這是汪若山實施自己精心策劃了 5 年多的計劃的絕佳窗口期，在今天這樣一個特殊的日子裡，天眼會在接下來的 40 多個小時中始終處於熱機狀態，而 IAU 的代表和中美兩國的官員都會忙於接受新聞媒體的採訪。

在這段時間中，根據預定的計劃，汪若山的操控權限會臨時提高到 6 級最高權限，以應對第一次測控中隨時可能出現的突發情況，第一次握手成功後，汪若山的操控級別就會降回到 5 級。

汪若山嫻熟地操控着主控電腦，在輸入了一連竄的長口令後，汪若山調出了一個指令集文件，這是他精心準備了五年的一本地球文明紀念冊，總共包含約 10 個 TB 的數據，裡面集中了人類歷史上在文化和科學兩大領域的最精華部分。

這些數據全部發送出去，大約需要 20 多個小時。經過汪若山的精心計算，在不改變天眼的朝向情況下，這些信息將會被發往距離地球 14000 光年的蛇夫座 M10 球狀星團，在那裡會有高於 99.999% 的幾率被一顆恆星所轉發。

汪若山按照自己已經在夢中演練過不知道多少遍的順序有條不紊地進行着天眼發射的複雜操作，終於，一切準備工作就緒，就差最後一次確認點擊了。

汪若山的手在執行鍵上停了一下，心裡默念了一聲：「渺小的人類從此在浩瀚的宇宙中終於有了屬於自己的一小塊紀念碑。」

汪若山果斷地敲下了執行鍵。

天眼悄無聲息地重新開始了工作，沒有人覺察到，或許有人發現了天眼運轉的一些信號，但是在今天這樣一個特殊的日子裡，沒有人會對天眼的運轉感到奇怪。

第二天，全世界的新聞媒體都競相報道了天眼與航行者 1 號握手成功的消息。這不僅僅是一條科技新聞，更多的媒體拿它作為政治新聞來報道。

脈衝星

兩年後。

這兩年來，汪若山帶領的天眼 SETI 項目組以 1000 多萬個不同頻率對天空進行細致的掃描，已經對銀河系中將近 2000 萬顆恆星進行了定向

探測。現在的瓶頸是數據分析的效率，儘管汪若山已經盡一切可能利用國內所有大型電腦中心的空閒時間對天眼收集到的數據進行分析，但效率還是不夠。

方涵則仿照美國的 SETI@Home 計劃，正在領導建立一個 SETI@China 的計劃，試圖把中國所有家庭的電腦和互聯網企業的服務器都利用起來，在這些電腦和服務器空閒的時候協助分析天眼的海量數據。

但到目前為止，仍然沒有找尋到任何外星文明信號的蛛絲馬跡，對此，汪若山是有著充分的心理準備的，畢竟 2000 萬顆恆星相對於銀河系的幾千億顆恆星來說依然是小到可以忽略不計。

除了 SETI 任務，握手計劃依然在順利地進行，天眼每天都要定期接收來自蛇夫座方向航行者 1 號傳回來的信號。

在今天接收到的航行者 1 號信息中突然夾著一個特別的信號，這個信號的頻率完全不同於航行者 1 號使用的頻率，若不是天眼超寬的監聽頻段，是不可能發現這個信號的。值班小組立即將此事報給了汪若山博士。

很快，汪若山和方涵都來到了測控室。

這是一個明顯的脈衝信號，波長在 1 個納米左右，間隔周期是 4.29 秒。

方涵：「有點怪，從波長來看，這應該是一顆剛剛生成的脈衝星，但是間隔周期長的有點過分了。據我所知，我們已經發現的所有脈衝星的間隔周期還沒有超過 3 秒的。難道是航行者 1 號抽筋了？」

汪若山：「不可能，航行者 1 號從理論上來説，不可能產生如此高頻的信號。信號源來自航行者 1 號方向這是確定的，但從信號的頻率和精確的間隔周期上來看，不像是非自然產生的信號。照理説應該是顆脈衝星，但這個間隔周期確實有點長了，不過，或許我們發現了一種新類型的脈衝星。而且，這顯然是一顆剛剛誕生的脈衝星，要不是我們兩年來長期盯着一個方向，是沒有這麼好的運氣的，就我印象中，到目前為止，國際同行還沒有宣佈過類似的發現。」

方涵興奮地説：「太好了，我有種直覺，這顆脈衝星的發現將改寫我們以往對脈衝星成因的認識，説實話，我對旋轉燈塔模型一向就沒有好感。老闆，深入研究這個信號的任務你就交給我吧，我對脈衝星一向很有興趣。我申請給這顆脈衝星暫命名為『新蛋 1 號』。」

汪若山：「行，希望你早日出成果，先設法搞清楚信號源與地球的距離。美國人應該得不到這個信號，他們只能共享到符合航行者 1 號頻率範圍內的信號。」

方涵朗聲説：「收到，老闆！」

方涵以極大的熱情投入到了對「新蛋 1 號」的研究中，很快，方涵有了一個重大的發現。新蛋 1 號的脈衝間隔周期在短短的一個月之內從 4.29 秒縮小到了 4.26 秒，並且以一個勻速在持續遞減。

方涵查遍了論文庫，也沒找到曾經有過的類似發現，這似乎是人類第一次發現脈衝間隔在以如此快的速度遞減的脈衝星。

汪若山對此的推斷是這顆剛剛形成的脈衝星的體積還在不斷地減小中，為了維持角動量守恆，那麼它的轉速就必須不斷地增大，於是脈衝間隔就不斷地減少，這似乎恰恰印證了傳統的旋轉燈塔模型的正確。

總之，方涵和汪若山對這顆新發現的脈衝星都非常感興趣，但是在沒有取得實質性的研究進展之前，他們沒有急於向外界公佈這一較為重大的天文新發現。兩個人都希望能通過對新蛋 1 號的研究，改寫人類對脈衝星的理論模型。

但新蛋 1 號到地球的距離卻始終測量不出，他們嘗試過各種方法，但都宣告失敗，在天眼的精度範圍內，沒法測量出任何脈衝頻率的「紅移」或者「藍移」值。

直到一件偶然事件的發生。

新蛋 1 號

又過了一年，汪若山因一個國際交流項目應邀到阿雷西博電波天文台短期訪問。

這個位於波多黎各山谷中的巨型電波天文望遠鏡曾經佔據了世界第一的寶座長達 50 多年之久，他也是被人類評為 20 世紀最偉大的 10 個工程之一。

汪若山曾經陸續在這裡奉獻過 5 年的青春，因此對這裡的一草一木都充滿感情。他對阿雷西博的控制台也是極為熟悉。

這天，汪若山得到允許又重新做到了阿雷西博的主控電腦面前，他熟練地擺弄着控制台，滿是懷舊的情緒。他在電腦屏幕上極為自然地輸入了新蛋 1 號的赤經和赤緯，這一年來，他一直高度關注着新蛋 1 號，所以想也沒想就把新蛋 1 號的坐標信息輸入到了主控電腦中，並且把阿雷西博的接收頻率調整到了新蛋 1 號的脈衝頻率。

可是汪若山卻沒想到，他居然甚麼也沒收到。這怎麼可能？汪若山心裡默念一聲，這個頻率和座標自己曾經輸入過千百遍，那真是閉着眼睛也能輸對的。

汪若山立即撥通了方涵的電話：「方涵，趕快看一下新蛋 1 號的狀態。」

「怎麼了，老闆？你想知道甚麼數據？」方涵對汪若山着急的語音感到有些詫異。

汪若山說：「你馬上看一下，新蛋 1 號還在不在？」

過了一會兒，方涵說：「在啊，一切正常，怎麼了？」

汪若山說了聲一會再說就掛了電話。

他想可能是阿雷西博出故障了，否則不可能接收不到新蛋 1 號的脈衝信號。但是檢查了好幾遍，從所有的現象來看，阿雷西博都一切正常。

汪若山突然想起了甚麼，他立即在電腦中修改了座標的數值，然後仔細觀察信號讀數。就這樣，汪若山一邊細微地調整阿雷西博的定位座標，一邊觀察讀數。很快，新蛋 1 號的脈衝信號出現在了電腦顯示屏上。

汪若山倒吸了一口冷氣，他盯着電腦屏幕上的座標參數，快速地做着心算。三遍心算之後，汪若山滿頭大汗地起身，回到了自己的房間。

他撥通了方涵的電話：「方涵，如果我沒有搞錯的話，新蛋 1 號離我們的距離我算出來了。」

方涵：「真的嗎？老闆。你用的甚麼方法？」

汪若山：「三角測量法。」

方涵：「甚麼？老闆，你説的是三角測量法，開甚麼國際玩笑？」

汪若山：「我不是在開玩笑。我們被我們的慣性思維蒙蔽了，我們一但認定這是顆脈衝星以後，就默認它距離我們非常地遙遠，三角測量法這種古老的測量遠處物體距離的方法被我們從頭腦中不自覺的過濾掉了。」

方涵：「你是説，阿雷西博看到的新蛋 1 號和天眼看到的有角度差？」

汪若山：「是的，有角度差。我已經計算出來了，新蛋 1 號距離地球不到 1 光年。」

方涵大叫一聲：「老闆！你説的是真的？這絕對不可能！」

汪若山冷靜地説道：「是的，我也認為這絕對不可能，但是目前我得到的所有數據就只能是這個唯一的結論。並且，它的脈衝間隔為甚麼會縮小，我也想通了，很簡單，它在朝我們飛過來。」

方涵在電話中已經沉默了。

汪若山繼續説道：「換句話説，新蛋 1 號是一個正飛向地球的會定期發

293

出無線電波的物體，至於他到底是自然的還是非自然的，我不知道。」

方涵：「老闆，你的意思是它有可能是一艘外星人的飛船？」

汪若山：「或者是一群。當然，也有可能真的是顆脈衝星。」

方涵：「我們應該馬上通報給 IAU」

汪若山：「我馬上就給賈斯比主席打電話。」

爭議

自從汪若山向 IAU 報告了新蛋 1 號的情況後，地球上的所有電波望遠鏡全都指向了新蛋 1 號，很快，各種精確的數據被測量出來。

此時新蛋 1 號位於距離地球將近 4 萬個天文單位的奧爾特星雲邊緣，正以接近光速的十分之一的速度朝地球飛來，質量和體積仍然未知。如果按照目前的速度不變的話，新蛋 1 號將在 6 年後到達地球。

全世界的光學望遠鏡全都指向了新蛋 1 號，但無論是地面的超級望遠鏡還是太空望遠鏡，都無法在這個距離上看到新蛋 1 號。

國際社會不斷地召開各種級別的會議討論各方對新蛋 1 號的看法，但

始終未能達成共識，主流的觀點有下面幾種：

第一種觀點，從新蛋 1 號發射的毫無智慧特徵的信號來看，這應該是一個自然形成的宇宙天體，但是這個天體到底是甚麼無法確定。很有可能就是一個微型脈衝星，它應該會進入木星引力範圍後被木星捕獲，成為木星的一顆衛星或者就像 1997 年蘇梅克–列維 9 號彗星一樣一頭撞向木星，但是撞擊的威力會遠遠大於蘇梅克–列維 9 號彗星，對地球會造成多大的影響尚無法確定。需要等新蛋 1 號離地球更近一點，能夠被太空望遠鏡看到，計算出了體積和質量後才能確定。

第二種觀點，新蛋 1 號是一個非自然物體，它發出的信號雖然沒有任何複雜特徵，但是其實起到一個定位導航作用，這個信號的工作原理類似於雷達回波，可以把這個物體精確地引導到地球來。至於它到底是一個探測器，還是一艘宇宙飛船，甚至是一個艦隊，目前無法判斷，因為它對於我們來說，除了這個信號以外，似乎是完全隱形的。國際社會應當立即向全世界各國政府發出預警，人類文明有可能在 6 年後首次接觸地外文明。

第三種觀點，新蛋 1 號是由外星文明發射的「導彈」，是一個精確制導武器。人類應當立即發出全球警報，一方面調集全世界的航空力量發射攔截火箭，一方面各國政府應當組織大規模的人員疏散，修建防空設施，以防不測。

這幾種觀點都無法給出足夠有力的證據，因而很難說服對方，為此，國際社會爭論不休，大會小會不停地開。

但是很快達成一個共識，立即由 NASA 朝新蛋 1 號發射一顆小型探測器，去獲取更詳盡的資料，在做進一步的決策前，至少我們要知道它的體積和質量。

在全世界的通力合作下，僅僅用了 2 個月的時間，探測器和超級運載火箭都完成了，在美國的卡納維拉爾角發射升空，它將在 4 年後與新蛋 1 號以超過 0.2c 的速度擦肩而過。

這顆探測器被命名為「千里眼」。

千里眼

在千里眼飛向新蛋 1 號的過程中，全世界所有的望遠鏡，從光學的到電波的，從地面的到太空的，都把他們的指向對準了蛇夫座方向的不明物體。但是，除了我們能接收到它如同脈衝星般有規律的脈衝信號外，無論從哪個頻段都無法得到任何反饋。在可見光波段更是完全不可見。

基於這種現象，IAU 逐漸傾向於排除兩種可能：

第一，這不可能是一個龐大的艦隊，否則在這個距離內人類還是無法探

測到實在過於匪夷所思。

第二，這不是一個自然物體，否則在可見光波段不至於完全看不見，如果不是技術文明的刻意掩飾，一個自然物體總是要反射陽光的。

越來越多的 IAU 專家認定新蛋 1 號是來自地外文明的探測器，更悲觀一點的認為是地外文明的攻擊武器，因為這種級別的「隱形」按照地球人的思維，似乎只有在作為武器的時候才有必要。

儘管國際社會實施了嚴格的保密措施，但是無孔不入的新聞媒體還是逐步把真相一點一點的透露給了公眾。

很有意思的，整個人類社會從整體上來說，分成了兩種派別。有宗教信仰的人群基本上都持悲觀態度，他們普遍相信新蛋 1 號的脈衝信號就是倒計時，是「審判日」的倒計時，世界末日將在倒計時結束時到來。

全世界的各個宗教中幾乎都有世界末日的預言，並且大同小異。但是這部分人往往生活的比較平靜，他們會盡可能的和家人團聚，完成未完成的心願，在宗教信仰人群佔據絕大多數的地區社會治安沒有明顯的惡化，人們都還在恪盡職守。

無宗教信仰的人群則基本上又分成樂觀派和悲觀派。樂觀派普遍認為這是外星文明的使者，他們是帶着善意來幫助人類的。於是全世界各

地都成立了各種歡迎新蛋 1 號的組織，他們甚至呼籲國際社會建立新的曆法，把新蛋 1 號與地球接觸之日定為新紀元的起點。但樂觀派卻始終無法在邏輯上很好的解釋為甚麼新蛋 1 號不與地球文明建立信息交換通道。

悲觀派則堅信這是外星侵略者，他們一方面呼籲聯合國盡快建立地球抵抗聯軍，一方面在積極籌建民間的抵抗組織。

隨着千里眼與新蛋 1 號接觸日子的臨近，人類社會的焦慮也在逐步增加，各種惡性社會治安事件發生的也越來越頻繁。

千里眼與新蛋 1 號預計的接觸點在距離地球大約 1300 多個天文單位，就在預定的接觸日前 1 個月，一件重要的事件發生了。

全世界光學望遠鏡都在這天晚上觀察到了一顆「超新星」，甚至用肉眼也可以看見，目視星等達到了五等。這是新蛋 1 號突然放出的強烈光芒。

人類社會馬上意識到，新蛋 1 號開始減速了。

至此，新蛋 1 號到底是甚麼的謎題提前揭曉答案。人類首次遭遇到了地外文明的飛行物。雖然人們對此早有心理準備，但是一旦真正確認了，還是給人類社會造成了極大的衝擊。

新蛋 1 號啟動減速引擎

同時也確認新蛋 1 號是一艘飛船或者一個探測器，而不是一個艦隊，這
總算是個好消息。

通過光譜分析，新蛋 1 號散發出氫和氦兩種元素，毫無疑問，這是核聚
變發動機的排出物，這是一個已經掌握了核聚變技術的文明，至少比人
類文明大概超前 250 到 500 年。

這兩件關鍵事情確立後，人類社會的不安和焦躁情緒得到了部分的緩
解和控制，專家不斷地在新聞媒體中分析道：還好僅僅是一個掌握了

核聚變技術的文明，而不是一個掌握了反物質技術的文明。並且它們只有一艘飛船，如果真是侵略者的話，人類的武裝無論如何不至於一夜之間全軍覆滅。還有專家舉例說，即便是今天的一個海軍陸戰隊回到了 500 年前的古戰場，也無法對數量上佔絕對優勢的冷兵器軍隊瞬間全軍覆滅。

因為新蛋 1 號的減速引擎啟動，IAU 也當即決定提前開啟千里眼的探測儀器。千里眼每隔 1 小時傳回一張高解析度的照片，但是在這個距離上，照片要傳回地球也需要花 2 個多月的時間。

千里眼上的質量探測儀也開始工作，但在這個距離上還沒有讀數，可見新蛋 1 號的質量並不是很大。

在千里眼與新蛋 1 號接觸日的前 7 天，質量探測儀的讀數終於出來了：新蛋 1 號的質量約為 500 噸。當地球收到這個數據的時候，千里眼其實早已經和新蛋 1 號擦肩而過了。

隨後，第一幅終於可以看清新蛋 1 號整個輪廓的照片傳回來了。新蛋 1 號的外形是一個幾乎完美的圓錐體，圓錐部分正對着地球，他是核聚變引擎的噴嘴，放出耀眼的光芒。體積大約與一枚地球上的運載火箭相當。

但是一幅幅照片傳回來後，人們發現新蛋 1 號的外形在起着變化。圓錐部分的噴嘴在逐漸增大，而圓面部分則在逐漸縮小，圓錐形正在逐步

向圓柱形轉變。但是它的轉變完全是近乎完美的平滑，沒有任何機械拼接的痕跡。新蛋 1 號是由一種類似於液態金屬的材質構成的，黑漆漆的，幾乎完全不反光。

千里眼在距離新蛋 1 號 2 萬公里的地方與之交匯而過，千里眼的使命順利完成。

高層會議

中央政治局的擴大會議在中南海舉行，汪若山作為首席科學顧問出席了這次會議。

會議的焦點集中在一個問題上，那就是目前的情況是否構成行星防禦預案的啟動條件。

汪若山認為目前的態勢足以啟動預案，應當立即開始疏散作戰部隊，並且在各大戰區的預定地點開始修建秘密工事，囤積戰略物資。

現在離「接觸日」還有 2 年的時間，地球人應當有時間做好充分的戰前準備。

可是軍方代表對這個預案顯然不滿，他認為科學家有點太過於迷信外星人的實力，而不相信人類自己的實力。

軍代表認為外星人再怎麼強大，也就是一個 500 噸重的鐵柱子，能有多大能耐。就這樣突然一下要放棄苦心經營了幾十年的所有軍事要地，似乎有點太兒戲了。更重要的是，如果一旦別的國家的武裝力量趁虛而入，將對我國的國防構成重大的威脅。

總理的意見也認為大規模的疏散行動會造成整個社會的恐慌，很有可能局勢失去控制，造成不可估量的後果。

會議在緊張氣氛中整整持續了一整天，汪若山還給中央政治局的常委做了一場報告，展示了外星人可能具備的科技，以及外星人可能具備的武器系統。

最後，總書記拍板，決定暫不進行大規模的軍隊疏散，對公眾嚴守秘密。但是全軍要做好一級戰備狀態，確保隨時能夠迎戰敵人的進攻，這個進攻不僅僅是外星人，還包括其他國家的武裝力量。在此同時，要持續呼叫新蛋 1 號，在各個頻率進行呼叫，努力與之建立通信聯繫。

整個世界似乎一夜之間進入到了世界大戰時期，各個國家的武裝力量都保持着高度的警惕，對邊境的防範力度空前加強。在各國的軍方眼裡，外星人的威脅遠沒有來自別國的軍事威脅大。

聯合國安理會開會的密度空前地提高，幾乎每天都有各種級別的會議。發展中國家要求軍事大國美國和俄羅斯無償分散他們的武器裝備到各

個國家，但遭到美俄的拒絕。美俄則要求在其他國家建立更多的軍事基地。中國在國際社會中所處的地位比較奇怪，一方面，中國一再堅稱自己屬於發展中國家；而另一方面，中國又被國際社會公認為軍事大國，被要求承擔和美俄相同的責任。

雖然從邏輯上來說，在這種時期，成立一個高度集權的地球聯合軍是能夠最大化地發揮地球上所有軍事武裝力量的方案。

但經過一個多月的高密度的會議，國際社會很快意識到成立地球聯合軍是不可能的，目前整個人類社會的宗教信仰、政治體制結構決定了即便是在面臨外星人入侵這樣重大的威脅整個人類安危的事件時，人類社會也不可能在短期內團結起來，只能各自為戰。

聯合國最後的決議也只能是要求各國向安理會通報各自的軍事計劃。唯一的成果是由安理會牽頭，確定了一份特別應對小組的名單，這份名單上的人來自全球各個領域中最頂級的專家，包括科學家、特種兵、政治家、心理學家等，甚至還增加了一名占星師，一共 54 名，應對小組的代號為「獵犬」。

國際社會達成的協議是一旦新蛋 1 號與地球接觸，「獵犬」必須第一時間到達接觸點，但「獵犬」不具有指揮權，只能作為決策顧問，在哪個國家的軍事行動只能由哪個國家自己的軍事領導人決定。

從公開的安理會通報上來看，各個國家採取的對策竟然驚人的一致，都不約而同地採取了與中國相同的策略，在安撫民眾的同時，所有軍隊進入一級戰備。

接觸

隨着新蛋 1 號離地球越來越近，它在夜晚的亮度也越來越高。接觸前 1 年，已經達到了 1 等星的亮度，超過了夜晚天空中大多數星星的亮度。

接觸前 6 個月。

全球各大電視台開始對新蛋 1 號進行 24 小時不間斷的直播。此時的新蛋 1 號在晚上的亮度已經可以和木星、金星媲美，它在持續減速中。

全世界的地外文明崇拜團體的活動也達到了最高潮，美國人在新墨西哥州的高原上用巨大的 LED 燈組擺出了面積達到幾十個平方公里的「WELCOME TO THE EATH」的字樣。澳洲人則在內陸沙漠上用燈光組成了一個直徑達到 100 公里的人類笑臉的圖案，一到晚上便開起來，還會眨眼睛，從衛星拍攝的照片來看，效果極其震撼。

但新蛋 1 號對這一切似乎完全視而不見，它不回答任何人類的無線電呼叫。新蛋 1 號的外形此時已經成為一個幾乎完美的圓柱形，正對着地球的這面發出耀眼的光芒，那是核聚變引擎產生的巨大能量，向地球

人冷峻地展示着他們的科技。

接觸前 1 個月。

新蛋 1 號的核聚變引擎突然熄滅了，它停止了減速，此時的新蛋 1 號在距離地球約 2 個天文單位的木星和火星之間的小行星帶上，以接近 40 萬公里的時速悄無聲息地向地球滑行過來。

一旦新蛋 1 號關閉了發出巨大亮光的核聚變引擎，整個新蛋 1 號突然又隱形了，它在電視直播畫面中消失了。在可見光波段，新蛋 1 號幾乎不反射任何光線，它的表面是由某種吸光性能極強的液態金屬構成。

追蹤新蛋 1 號的所有天文望遠鏡開始啟用紅外波段定位新蛋 1 號，核聚變引擎雖然關閉，但是它的餘溫是不可能突然就消失的。於是，全球各大電視頻道又收到了新蛋 1 號來自紅外波段圖像的信號。

接觸前 3 天。

新蛋 1 號的核聚變引擎突然開啟，再次減速。這次減速是被很多專家預計到的，因為 40 多萬公里的時速對於降落地球而言，還是快得太多了，新蛋 1 號必然在進入地球大氣層前再次減速到時速小於 3 萬公里，否則在地球降落的技術難度和付出的代價就太高昂了。

此時的新蛋 1 號已經離地球非常近，很快就要進入月球的繞地軌道了，它發出的耀眼光芒使得新蛋 1 號在夜晚的亮度僅次於月亮，甚至在白天也能看到這顆掛在天上的「星星」。

接觸前 24 小時。

此時的新蛋 1 號已經成為天空中的第二顆小太陽，即便是在晚上，也能把整個地球照耀得如同白晝。

全世界的人們都在屏住呼吸看着電視直播，所有的電視頻道都只播放與新蛋 1 號有關的節目。各國的領導人都在電視上呼籲民眾保持鎮定，軍方嚴陣以待。

接觸前 3 小時。

天空中的第二顆太陽突然熄滅，同時，新蛋 1 號再次開始變形。全世界的人都在電視畫面中目睹了新蛋 1 號的圓柱體兩側開始長出翅膀，不需要專家，普通人也都能明白，這是新蛋 1 號做好了在地球大氣層中滑翔的準備。

此時新蛋 1 號的時速已經降低到了 1 萬公里以內。

接觸前 1 小時。

新蛋 1 號以 40 度的傾角開始進入大氣層，進入的位置是在地球的北極上空，它的最終降落地點此時仍然是個迷。

人們在電視畫面中目睹了新蛋 1 號進入大氣層的壯觀景象：只見北極的上空突然出現了一團巨大的紅色火球，它翻滾着越來越低。

新蛋 1 號被完全包裹在火球之中。

新蛋 1 號進入大氣層

似乎是在一瞬間，從火球中突然衝出一個巨大的張着兩翼的飛行物，就好像是一個長着巨大翅膀的易拉罐。它幾乎是全黑的，表面不反射任

何陽光。就好像是一只巨鳥在天空中的投影，有一種強烈的不真實感。

降落

新蛋 1 號在距離地表 2 萬米的上空停止了下降，開始平飛，速度大約為 2500 千米 / 小時，它首先進入了俄羅斯的領空。

俄羅斯空軍立即派出了 4 架 T-50 迎了上去。儘管軍方都料到新蛋 1 號不會對無線電呼叫做出任何回應，但俄軍方任然持續對新蛋 1 號呼叫，希望能得到響應。新蛋 1 號繼續保持着沉默，像一個鬼影子般無聲無息地滑行。

在地面上的人們首次用肉眼目睹了新蛋 1 號的真身，用長着巨大翅膀的可樂罐來形容它真是非常傳神。4 架 T-50 的身形與新蛋 1 號相比，就好像四隻麻雀在伴隨着一隻雄鷹飛行。

新蛋 1 號從黑龍江省進入中國領空，中國空軍派出的 4 架 J20 早已經在此守候着。

按照國際社會之前達成的共識，無論新蛋 1 號出現在哪個國家的領空，人類空軍都只伴飛，並且保持無線電呼叫，不首先做出任何威脅舉動。

新蛋 1 號繼續朝着中國的南方飛行，保持着穩定的時速。

全世界的媒體都在紛紛猜測新蛋 1 號的目的地，大多數專家認為新蛋 1 號很有可能會繞地球飛行幾圈以後再選擇降落地點。

只有一個人猜出了新蛋 1 號的降落地點，他就是汪若山。

在確認新蛋 1 號是一艘非自然飛行物體後，汪若山就已經隱隱猜到了一些事情。10 年前，自己利用天眼發射的人類文明信息在距離地球 1 光年遠處被一艘外星文明的探測器也就是新蛋 1 號截獲。新蛋 1 號立即轉向朝信號的發射源飛來，但是新蛋 1 號並不能知道信號源的距離。在這個方向上，距離最近的一顆恆星只有 1 光年左右，新蛋 1 號朝著信號源方向發射了定位信號，如果接受到回波，就可以準確地計算出距離。

天眼那 30 多個足球場的反射鏡面成了新蛋 1 號最好的定位器，任何電波望遠鏡都會自然反射接收到的無線電波，其本質和鏡子反射光線是一樣的，光本身就是一種無線電波。

汪若山的結論是：新蛋 1 號一定是直奔天眼而來。汪若山不止一次在內心中問過自己，如果這個猜測是真的，自己的行為確實給地球人類帶來了未知的危險，自己後悔嗎？但是汪若山自己也沒有準確的答案。

在進入中國領空的 2 個多小時候，謎底揭曉了，汪若山料對了。新蛋 1 號到達貴州上空後，在完全沒有先兆的情況下，突然極速下降，一邊下

降一邊開始變形。它的這種變形完全不是那種生硬的機械式變形，而是像一顆慢慢融化的巧克力。

在距離地面 5000 米高空的地方，新蛋 1 號已經「融」成了一滴巨大的液滴，它就在天眼的正上方。突然，這滴液滴一分為五，五個小液滴排列成了骰子上的五字形，幾乎於此同時，每顆液滴的正下方冒出了藍色的光芒，核聚變引擎開始工作，使得液滴減速。

僅僅 10 分鐘後，五滴液滴就平穩地降落在了天眼巨大的反射弧面上，中間的那顆液滴恰好降落在天眼的正中心，而另外四滴平均分佈在天眼的邊緣上。

液滴落地就跟水滴落地極其相似，迅速地在地面上化開，平攤成一個直徑 40 米左右，厚度在 3 米左右的一個圓柱體。因為液滴的表面幾乎不反射任何光線，從遠處看過去，就好像天眼突然長出五個漆黑的大洞一樣。

控制

這一切實在來的太突然，所有天眼的工作人員從意識到新蛋 1 號從自己的頭頂上往下降落到落地，總共只經歷了 20 多分鐘。

在這 20 分鐘裡面，所有的人員出奇的平靜，有的在室外目睹了五個巨

大的黑色液滴降落的全過程，有的就在室內屏息看着電視直播。直到
五個液滴降落在地面上以後，所有的人才似乎從夢中驚醒。

一陣騷動在天眼的控制室產生，很多人朝門外衝出去。

汪若山和方涵此時都在天眼的主控室中，這間房間是天眼最核心的一
間控制室，大約可以容納 30 多人，此時，房間中只剩下 5、6 個人，
大多數人都因為恐懼而疏散了。

方涵朝着汪若山苦笑了一下，説：「老闆，咱們跑不跑？」

汪若山顯得比較鎮定，他的視線始終沒有離開各個監控屏上的「液滴」。

「能跑到哪裡去？我覺得我有責任在這裡看守天眼。我總覺得它們來這
裡目的不會太簡單，一定有一些我們不知道的原因。」

方涵苦笑了一下，説：「好吧，老闆，我不是不想跑，我只是覺得跑
出去和留在這裡指不定哪個更危險呢。橫豎都是賭一下，我不如省點
力氣。」

主控室裡面還有其他幾個人也都是一般的想法，他們乾脆都坐了下來，
靜待新蛋 1 號的舉動。

他們知道此時大批的軍隊一定已經朝大窩凼地區集結，但是這裡屬於山區，沒有甚麼像樣的道路，重型裝備肯定開不進來，即便是輕便摩托化部隊至少也需要 4 個小時以上才能到達這裡。但是武裝直升飛機應該在 1 小時內就把這片區域包圍。

汪若山的手機響了，這是中國西南戰區的總參謀長劉文龍打過來的第 2 個電話，在新蛋 1 號從天眼上方下降的時候，汪若山就接到了劉參謀長的電話，要求他保持鎮定，密切注意新蛋 1 號，隨時報告情況。

汪若山接通電話，說了聲：「喂，劉參謀長，是我。」

突然，一陣尖利的嘯叫聲從手機中傳出來，汪若山禁不住把手機從耳朵邊猛地挪開，接着就從手機的話筒中傳來了很響的噪聲。

所有的監控屏幕全部都亮起了雪花點，房間裡面的所有人都下意識地拿出了手機，果然信號全無，有些人不信，仍然撥號，但是很快就放棄了。

汪若山意識到，這是強烈的無線電干擾，很有可能是全頻段阻塞。要命的是，他們這裡沒有有線電話，這種古老的通訊方式已經完全被手機所取代，連所有的寬帶接入也都是無線方式。

汪若山的估計是完全正確的，新蛋 1 號把天眼的巨大天線用作了全頻

段阻塞的放大器，方圓十公里之內的所有無線電通訊都受到了強烈地干擾，一切基於無線通訊的設備全部失效。

以天眼為中心，直徑 10 公里的半球形區域內成了一個黑箱，裡面的人無法了解外面的情況，外面的人也無法了解裡面的情況。

方涵突然叫了一聲：「老闆！」

汪若山朝方涵看過去，只見方涵指着天眼的主控電腦的液晶屏。上面顯示出天眼的幾個控制電機正在啟動，天線的指向參數正在跳動。

「它想控制天眼！」汪若山叫了一聲。他迅速地衝到了電腦前，在屏幕上開始點擊，可是完全不起作用，天眼的主控電腦已經不受汪若山控制。

方涵和其他幾個人也衝了過來，紛紛問道：「它要控制天眼幹甚麼？」

汪若山說：「不清楚，讓我想想。」

屏幕上的天眼天線定位參數停止了跳動，定格在了兩個數字上。汪若山一眼就認出了這是位於波江座方向，赤經和赤緯的坐標看着有點熟悉，似乎在哪裡見過。

「方涵！」汪若山突然想起了甚麼，他對着方涵叫道，「把你手機裡面 EPE（extra-terrestrial planet explorer 地外行星搜尋者，NASA 在 2012 年發射的專用於尋找地外行星的太空望遠鏡）的數據調出來。」

方涵拿出手機快速地操作起來，不一會兒，就遞給了汪若山。

汪若山在手機裡面快速地輸入了天眼正鎖定的赤經赤緯的參數，很快就出來了結果。

汪若山説：「沒錯，就是這個地方。EPE 在 2022 年發現的一顆超級地球，epe-3500，距離地球 46 光年。如果我猜的沒錯，這就是新蛋 1 號的母星，它是要利用天眼向母星傳送信息。」

方涵問：「傳送信息的目的是甚麼？」

汪若山搖了搖頭，説：「天知道，或許是給母星的一份喜報吧。」

對峙

在天眼的外圍，大批的軍隊正從四面八方趕來。幾十架武裝直升機也從最近的軍用機場起飛，直奔天眼飛來。

在天眼巨大反射弧面邊緣呈一個正方形分佈着四個黑色的「液滴」，此

時已經不能算液滴了，它的外形已經成了一根扁扁的圓柱體。

四根圓柱體的下方突然冒出了火光，它們同時升空。在上升到 500 米左右的高空後，每根圓柱體又分裂成兩根圓柱，兩根圓柱分裂成四根，緊接着這 16 根冒着藍白色火光的圓柱體長出兩翼，同時開始側身，每一個都像是一個縮小版的「長着翅膀的可樂罐」。

16 個黑色的「長着翅膀的可樂罐」開始繞着天眼轉圈飛行，剛開始都處於同一個高度，可是很快就高低錯落有致，並且越飛越快。從遠處看過去，就像是天眼上方掛起了一塊黑色的圓形蚊帳。

隨着 16 個「可樂罐」的飛行速度加快，「蚊帳」的範圍也在逐漸擴大，最終形成了一個直徑達到 10 公里的保護圈。

新蛋 1 號降落到現在已經過去了 30 多分鐘，雖然它已經成功控制了天眼，但是始終沒有發射無線電波。

汪若山和方涵都知道天眼的發射程序極為嚴格，有 6 道安全密鑰，每道密鑰都採用不同的加密算法，並且解密的「鑰匙」分別保管在不同的人手裡，必須 6 把鑰匙同時開啟才能啟動天眼的發射程序。

新蛋 1 號想要突破這 6 道密鑰，顯然遇到了麻煩。

汪若山把嘴湊到了方涵的耳邊，輕聲說：「不管它要啟動天眼的目的是甚麼，我只知道，我們必須阻止它。你現在立即離開這裡，想辦法與外界聯繫上，要求立即切斷天眼的供電。」

方涵點了點頭，轉身快步朝門外走去，消失在門後。

在天眼的正中心，靜靜地佇立着一根巨大的黑色圓柱體。突然，四顆「淚珠」從圓柱體側面滾了下來，就像一根蠟燭受了熱，從頂上沿着側壁流下了蠟油一樣。

「淚珠」一着地就立刻變形為細長型，像蛇一樣遊出去，每一條「蛇」都有一人粗，2 米多長。

第一隊 12 架武裝直升機很快就要接近天眼外圍的「蚊帳」了，中隊長通過無線電向上級請示：「鴻鵠 1 號已經接近目標，如果不減速，5 分鐘後接觸，請指示。」

「請在目標 100 米開外懸停，等待指示。」

「鴻鵠中隊收到！」

12 架直升機在接近目標前開始分散，以包圍圈的形狀在「蚊帳」100 米開外懸停了下來。

西南戰區總參謀長劉文龍此時正焦急地坐在全力朝天眼開進的指揮車上。與天眼內部的聯絡徹底中斷了，新蛋 1 號形成的全頻道阻塞把天眼變為了一個黑箱。在做任何決策之前，他必須要首先了解對方正在做甚麼，目的是甚麼。

聯合國特別應對小組「獵犬」早在新蛋 1 號與地球接觸的一週前就已經集結完畢，他們一直在美國的夏威夷海軍基地待命，一旦確認新蛋 1 號的着陸點後，就會有一架專機護送他們直達目的地。此時，獵犬小組正在飛往貴陽機場的途中。獵犬小組給劉文龍的建議是「盡可能不要主動採取任何帶有威脅性質的舉動。」

中央軍委組成的特別領導小組成員也正在從上海火速趕來，但要達到天眼所在的位置至少還需要 2 個多小時的時間。

在「獵犬」和中央領導小組到達之前，劉文龍就是現場最高指揮員。劉文龍以他將近 40 年的軍人生涯養成的直覺，感到新蛋 1 號對地球人沒有絲毫的善意，全頻段阻塞事件的發生更讓劉文龍確定了這種感覺。

「鴻鵠 1 號，現在可以把地面行動部隊放下去。」劉文龍果斷地下達了命令。

「收到。」中隊長繼續下達命令，「鴻鵠 9、10、11、12 號，立即下降到登陸高度，飛豹小隊落地待命。」

四架直升機下降到離地面不到 2 米的高度懸停，每架直升機上跳出 4 名全副武裝的特種兵，一落地立即分散臥倒，直升機隨即升高，整個過程僅僅持續了十幾秒鐘。

此時正值正午，長着翅膀的可樂罐在半空中飛速飛行着，每一個「可樂罐」都投下一個快速移動的影子，影子在地下構成了一個黑色的圓圈，就像一道警戒線。

黑蛇

方涵按照汪若山的指示，跑出了控制室，她的任務是跑出去設法通知軍方切斷天眼的電力供應。

方涵迅速地來到停車場，朝自己的那輛藍色敞篷小跑車跑去。剛跑了沒幾步，她便停了下來。她瞄了一眼停車場的情景，就知道跑過去也徒勞了。

停車場上只看到忙忙碌碌的人群，就是看不到一輛發動的車子。

有很多人打開了車前蓋，在檢查着。方涵走到最近的一輛車前，問道：「車子怎麼了？」

「電瓶短路，燒壞了，所有的車都這樣。」

方涵聽完扭頭就走，她很清楚此時再去看自己的車肯定是浪費時間，不如抓緊時間步行離開這裡。

幾十號人，正沿着唯一的一條公路步行撤離。

方涵一路小跑，在她的前方上空，可以看到新蛋 1 號分身出來的飛行物正在快速地繞圈飛行，速度相當驚人。

在她的身後不遠，四條從新蛋 1 號上分離出來的「黑蛇」也快速地朝撤離的人們遊走過來。

幾聲從後面傳來的驚呼聲讓方涵停下了腳步，她回頭一看，立即被眼前的景象驚呆了。

只見不遠處四條一人粗的黑色蛇形物體貼着地面無聲無息地朝前快速地滑動，所到之處人們紛紛散開，而這四條黑蛇似乎也在有意避免撞到人。

當「黑蛇」從方涵的眼皮底下遊過時，方涵真切地看到這種物體的表面是完全黑的，看不出任何光澤，但是你又能感覺到它是液態的、柔軟的，就像是濃濃的墨汁。

「黑蛇」遊走的速度非常快，沒過多久，就超過了跑在最前面的人。當

黑蛇一超過最前方的人時，它們立即停止了滑動，像眼鏡蛇一樣立了起來。

跑在最前面的是兩個年輕的天眼工作人員，他們露出驚恐地表情停了下來，不敢再往前挪動半步。

後面的人群也漸漸地都跟了上來，在與黑蛇相隔二十幾米的地方停了下來，方涵也夾在人群的中間。人群聚集的位置離遠處直升機和特種兵大約還有 5 公里左右，已經能聽到隆隆的直升機旋翼的聲音。

人們開始議論起來。

「它是在阻止我們過去。」

「你怎麼知道？」

「這顯然不是我一個人的直覺，大家都停了下來。」

「我們怎麼辦？」

「我認為我們應該原地等待救援。」

「我看它們未必一定有惡意。」

「別去冒險！」

人們七嘴八舌地討論着，但是並沒有一個人敢再往前走一步。

方涵此時心裡非常焦急，只有她知道天眼已經被新蛋 1 號劫持，很有可能被隨時啟動，給新蛋 1 號的母星發射信號。不論這個信號的目的是甚麼，人類都必須阻止它，這是關係到人類文明生死存亡的大事。

方涵決心冒一個險，她要賭一把。正當她想朝前面繼續前進的時候，有一個人先於她朝「黑蛇」的方向走了過去。

這是一個金髮碧眼的西方中年男子，方涵認識他，他叫斯蒂文，是一個訪問學者，與方涵有過幾次交流。斯蒂文是一個樂觀派，他一直相信新蛋 1 號是外星文明的使者，會給人類帶來善意。

斯蒂文高舉着雙手，一邊朝前走一邊用英語大聲叫着「PEACE」，一步一步地靠近四條立起來的「黑蛇」。

在距離黑蛇只有十幾米的時候，四條「黑蛇」突然同時身子朝前傾了一些。

斯蒂文停下腳步猶豫了一下，但是他仍然大起膽子朝前走，只是比剛才走的慢了些，嘴裡依然高聲叫着「PEACE! PEACE!」。

剛走出了三步，只見其中一條「黑蛇」身子突然抖了一下。於此同時，斯蒂文怪叫了一聲跌倒在地，四肢不停地抽搐，就好像遭到了電擊一般，但他顯然沒有死，只是失去了行動能力。

人們禁不住發出了一聲驚呼，方涵也張大了嘴巴合不攏，雖然她沒有看到從黑蛇身上發出任何東西來，但是她可以想見必定是黑蛇發出的某種強烈的定向電脈衝擊中了斯蒂文，使得斯蒂文渾身肌肉被暫時性麻痹，不能動彈，甚至連說話也無法說。

此時，新蛋 1 號到底是善意還是惡意的問題已經不言而喻。

一些人開始往回走，一些人則在猶豫是否要上前去救助斯蒂文。

方涵焦急萬分，對她而言，最重要的事情是要向外界傳遞出信息：新蛋 1 號正在利用天眼向母星傳送信息。哪怕僅僅是傳送一個「新蛋 1 號不懷好意」的簡單信息出去也將對外界盡快做出正確的決策相當重要。

開戰

出去的唯一道路已經被黑蛇封死了，而天眼所在地的四面均是崇山峻嶺，想要穿山出去是不可能的。無線電通訊也已經被新蛋 1 號的全頻段阻塞徹底封死。在這種情況下，想要傳遞出信息只有一個辦法：在地上寫字。

方涵相信，此時全世界所有最尖端的間諜衛星一定都把焦點對準了天眼所在的區域。間諜衛星在地面的分辨率已經能達到 10 個厘米。萬幸的是此時天空晴朗，只要能在空曠一點的地面上寫出幾個大字，就一定能被間諜衛星拍到。

可是這事想着容易，一時間想要做到卻也絕非易事。四周全是山地，灌木林叢生，想要在山上找到一塊平坦的地面都是不可能的。唯一的空曠地是停車場。

方涵的心念電轉，她想到了一個方法，但她再需要三個人的協助。

方涵從人群中迅速選定了三個熟人，把他們拉到一邊，悄聲說道：「汪若山博士發現外星人劫持了天眼，試圖利用天眼向母星傳送信息，我們必須把這個情況傳遞給外界。我能想到的唯一辦法就是用我們的身體組成文字，讓衛星看到，請幫助我。」

三個人馬上明白了方涵的意思，迅速地點了點頭。四個人默契地開始往回跑。

一來到停車場，方涵便喊了一聲：「E」，說完她立即平躺在地上。另外三個人馬上就領悟了方涵的意圖，也迅速地找到位置平躺了下來，四個人用身體組成了一個字母 E。

停留了十幾秒鐘，方涵喊了一聲：「換成 T」。

每組成一個字母，都會停留十幾秒，方涵依次發出了 E、T、H、J、T、Y 六個字母的指令，組合在一起，傳遞出去的信息便是：ET hijacked TianYan（外星人劫持了天眼）。

全世界幾十個間諜衛星同時捕捉到了方涵他們的特殊舉動。

僅僅 10 分鐘後，聯合國獵犬小組和中共中央軍委特派小組的面前幾乎是同時呈上了來自情報部門的緊急報告：根據天眼工作人員傳遞出來的信息，天眼已經被新蛋 1 號劫持，這個信息解讀的準確度為五級（最高可信度）。

幾分鐘的簡短討論後，獵犬小組和軍委特派小組也幾乎是同時得出了正確的結論：新蛋 1 號正在利用天眼向母星傳遞信息，必須馬上阻止它。

劉文龍在接到獵犬小組發來的建議的同時，也接到了來自中央軍委特派小組的命令：

1. 立即切斷天眼的供電線路。
2. 奪回天眼的控制權。

刻不容緩！

劉文龍接到命令，立即拿起步話機，給鴻鵠中隊下達作戰命令：「鴻鵠中隊，空中和地面同時強行進入警戒區，允許武力抵抗。」

「鴻鵠中隊收到！」

12 架直升機迅速地開始編隊，分成 4 個小隊，每個小隊三架直升機排成間隔 200 米左右的縱列，同時朝前飛去，所有的武器裝備都進入隨時發射狀態。

就在 4 架直升機剛剛觸碰到「可樂罐」形成的分界線時，四個「可樂罐」突然發出耀眼的強光，以快得不可思議的速度直接撞向了 4 架「觸線」的直升機。

只聽得四聲清脆的「啵」聲幾乎是同時發出來，四個「可樂罐」從機頭穿入機尾穿出幾乎就是一瞬間的事情。

四架直升機立即失去控制，直接墜地，發出巨大的爆炸聲。只有一名飛行員成功地彈射出來，其餘 3 架直升機都不見有飛行員生還。

後面 8 架直升機親眼目睹了「可樂罐」就像飛刀插豆腐一般輕而易舉地洞穿了第一排的直升機，飛行員全都毫不猶豫地按下了武器發射按鈕。

8 枚「毒刺」空對空袖珍型導彈幾乎同時朝 4 個目標發射出去，令人震

驚的一幕發生了：4 個「可樂罐」不但沒有躲避，反而直接加速迎了上去。導彈確實是「命中」了目標，但是在爆炸的火光中，「可樂罐」毫髮無損地飛了出來。

它們的進攻方式簡單到了極致，就是撞擊。在接下去的 30 秒內，四個可樂罐就像是四根繡花針，逐一穿過飛行中的直升機，8 架直升機瞬間全部墜毀。

地面部隊的遭遇並沒有比空中部隊好到哪裡去。特種部隊幾乎是在跨過警戒線的同時全部抽搐倒地，全身麻痺，如遭電擊。但是敵人是如何做到的，卻沒有一個人看得清楚。

真相

天眼的電力是由 40 公里外的一個小型發電廠的一個單獨機組提供的，此時軍隊已經控制住了這個發電廠。

劉文龍的斷電命令一下達，工作人員立即斷開了天眼的供電線路。

方涵已經回到了主控室，剛與汪若山會和沒幾分鐘，整個主控室的燈光突然就黑掉了。

汪若山和方涵激動地互相望了望，同時喊出：「成功了！」

但是喜悦的表情還沒來得及收住，他們就發現雖然照明系統已經斷電了，但是主控電腦並沒有斷電，依然在工作。

汪若山一拍額頭苦笑道：「我怎麼忘了，天眼是接在一個超級 UPS（斷電保護器）上的，一旦電力中斷，UPS 可以提供 2 個小時左右的臨時電力，我居然把這一層忘記了。」

方涵說：「也就是說，如果新蛋 1 號不能在 2 小時內破解我們的密鑰的話，天眼就會徹底失去電力，變成一堆廢鐵。」

汪若山說：「是的。但這就完全看我們的造化了。」

就在兩個人說話的同時，一條「黑蛇」突然出現在了主控室內，它幽靈般無聲無息地滑向汪若山。等到汪若山和方涵同時發現它時，「黑蛇」已經近在咫尺。

還沒等方涵驚呼聲落地，「黑蛇」已經像一條蟒蛇一樣纏住了汪若山。汪若山只感到一陣電流在全身流轉，四肢頓時麻痺了，但電流的大小控制得很精確，並沒有使得汪若山感到痛楚，頭腦也依然非常清醒，只是動彈不得。

方涵和在場的眾人都被眼前的景象驚呆了，不由得都同時往後退去，也有幾個人嚇的直接往門外奔去。

327

汪若山此時感到呼吸變得困難，大腦開始有缺氧的症狀出現，眼皮也變得沉重起來，眼前的景象逐漸變得模糊。

突然，汪若山眼前一黑，感覺自己的身子似乎正在往一個無底深淵中墜入，越墜越快。眼前依然是無邊無際的黑暗，過了許久，在黑暗的深處似乎有了一個小小的光點正朝着汪若山飛過來。

光點一開始只有一個針尖那麼大，然後一點點的變大，速度越來越快，也越來越亮。終於，汪若山看清楚了，那是一個燃燒着的巨大的火球，是一顆恆星。

巨大的日珥從恆星的表面噴流而出，每時每刻都有數不清的爆炸在恆星表面發生。日珥爆發的頻率和數量都遠遠超過了汪若山熟悉的太陽，這些無數盛開的日珥使得這顆恆星看起來更像是一朵盛開的向日葵。

這是一顆異常活躍的恆星，汪若山感受到時間的飛快流逝，恆星盛開的向日葵花瓣逐漸變小，變稀疏，這顆恆星正在從活躍變得平靜。當日珥爆發的頻率和數量變得可數之後，這顆恆星的表面出現了第一個深坑，恆星的表面物質就像瀑布一樣往深坑中跌落，很快就填滿了這個深坑。

可是很快又出現了另外幾個深坑，由烈火和爆炸組成的瀑布在恆星表面的各處出現。一個坑被填滿之後又會出現更多的坑，更多的恆星表面物質被填入到坑中。汪若山看出來了，這顆恆星正在塌縮。

這是一顆質量超過錢德拉塞卡極限的大質量恆星，已經到了生命的最後期，用不了多久，這顆恆星會發生劇烈的爆炸成為一顆超新星。

恆星從汪若山的視野中慢慢地移出了，眼前又是一片黑暗，但很快就有顆藍色的亮點出現在眼前，越來越大。一顆藍色的行星出現了，但汪若山一眼就看出，這並不是地球。

藍星的大部分面積也是由海洋組成，其間點綴着一塊塊的陸地，這些陸地跟地球一樣覆蓋着無邊無際的綠色植被。但汪若山卻突然感受到了一陣強烈的恐懼心情，這種恐懼不是汪若山自己的恐懼，而是整個星球的恐懼。

這個美麗的藍色星球很快就會被超新星爆發的強大火光所吞噬，完全汽化，甚麼都不會剩下。在恐懼中，汪若山看到藍星的海面上浮起了一個個巨大的平台，平台上一艘艘巨大的星際戰艦正在成形。看到這些巨大的戰艦，汪若山的恐懼開始被一種興奮和激動的心情所取代。這是一個正在跟自己的命運抗爭的強大文明。

突然，從藍星的表面飛出無數個發着強烈光芒的小點，這些小點朝着宇宙中的各個方向四散飛去。汪若山立刻明白了，這些是藍星文明建造的探測器，它們肩負着尋找新家園的使命。

藍星被遠遠地拋在了身後，汪若山感到自己正在朝着宇宙深處飛去，

藍星文明正在建造巨大的星際戰艦

自己就是一個探測器。群星在眼前出現，整個宇宙彷彿靜止了，眼前的所有景象都像定格了一樣一動不動。時間的流逝感也從汪若山的感覺中消失了。

不是宇宙靜止了，而是汪若山感受到了真實的星際航行，十分之一的光速在巨大的宇宙空間裡就像蝸牛爬。這種狀況沒有持續多久，汪若山就泛起了十分複雜的情緒，在這些情緒裡面有孤獨、悲傷，也有焦急和期盼。

汪若山覺得自己在漫長的時間長河中艱難地跋涉，四周是廣袤、深邃的宇宙，似乎整個宇宙就只剩下了自己。孤寂和悲傷爬滿了心頭，就像在沙漠中苦苦尋找着水源，快被渴死的母親正在身後焦慮地望着自己。

就在絕望中汪若山突然聽見了一陣美妙的音樂響起，在宇宙中的某一個方向射來了一道強烈的無線電波，這束電波刺破了雜亂無章的宇宙背景噪音，直穿向汪若山的整個身體。

「水源！我找到水源了，而且，很近很近。」這是汪若山聽到音樂後的直覺反映。這道電波如此強烈，如此致密，它沒有在宇宙中經過長途跋涉而擴散、疲弱，它就在離自己很近的地方發生。

一陣狂喜湧上了汪若山的心頭，太好了，母親有救了。汪若山立即把自己的航向對準了電波的來源，他朝着電波的來源發出有節奏的呼喊，只要聽到自己呼喊的回聲，他就能確定電波來源的距離。

似乎只過了一眨眼的時間，回聲就來了，汪若山簡直不敢相信，只有 1 光年，那個電波發生地就在離自己最近的一個恆星系中，這個恆星系離自己的母星也不過 46 光年，這一切簡直就像是一個美麗的夢，太幸運了。

汪若山立即調整航向，核聚變引擎全功率運行，朝着電波來源全速飛去。

此時的汪若山，滿腦子都是自己的使命：

1. 尋找一顆有液態水和固體物質同時存在的行星。
2. 利用行星的物質建造電磁波放大器。
3. 傳送行星的詳細宇宙座標給母星。

沒有過多久，一顆美麗的藍色行星出現了，雖然在之前通過分析接收到的文明信息已經知道了這顆行星符合要求，但當它真的出現時，汪若山仍然激動了起來，這是一顆完美的行星，所有的條件全部符合母親的要求，更寶貴的是這個恆星系正值壯年，主星序階段尚未過半，它的恆星還可以提供足夠長的穩定期。

這個星球上有一種尚處在初級階段的文明，對母親構成不了任何威脅，一切都是那麼完美。連電磁波放大器都不需要再另行建設，這個星球上的文明剛剛學會製造這種基礎設備，之前用於定位的回聲正是這樣一個設備反饋回來的。

母親有救了，我的使命也變得簡單了：控制電波放大器，傳送座標給母親。汪若山抑制住自己喜悅的心情，專心在行星表面平穩降落。

電磁波放大器雖然比自己腦中的設計圖紙要原始很多，但用於給母親直接傳送信息倒是夠用了。但是，沒想到這個初級文明已經發明了一種加密的技術，使得全面控制它遇到了層層的障礙，雖然這些加密手段

不能最終阻止我，但是會浪費很多寶貴的時間。母親那乾渴的嘴唇和焦慮的眼神再一次出現在了汪若山的頭腦中。

「我一定要盡快突破障礙，完成使命！」汪若山不斷地給自己增強信念，「如果我能知道其中的任何一個密鑰，我就能以最快地速度突破所有的障礙。母親快渴死了，我絕不能再等下去了，每多等一秒鐘都是將母親推向死亡一秒鐘。給我一個密鑰！」

「密鑰？等等，我自己不就知道密鑰嗎？為甚麼會突然想不起來了？真該死，母親已經危在旦夕了，我怎麼想不起密鑰了？快點冷靜下來，好好想想。」

「對了，就是這樣，深呼吸，想一想密鑰是甚麼？」

「想起來了，是……yu qiong qian li mu geng shang yi ceng lou 。」

一句古老的詩句：欲窮千里目，更上一層樓！

汪若山猛然間睜開了雙眼，他看到方涵和同事們在遠處驚恐地望着自己。「黑蛇」已經鬆開了自己滑到了主控電腦的屏幕前，像一根柱子一樣一動不動地立在那裡。

汪若山想起了自己怎麼被「黑蛇」纏上，然後自己好像進入到了一種半

昏迷的狀態，他極力地回想發生了甚麼事情。慢慢地，他想起來了，自己看到了一顆恆星，看到了藍星，看到了靜謐的群星閃耀的宇宙。

欲窮千里目，更上一層樓。

「不好！密鑰被偷取了！」汪若山大喊一聲，朝方涵跑過去。

「黑蛇」仍然一動不動，它在專心忙着自己的事情，此時他對低等文明生物已經不再關心，他有自己最重要的使命。

激戰

中央軍委特派小組和聯合國「獵犬」小組幾乎同時抵達了貴陽機場，直接在貴陽機場成立了指揮部，他們在途中已經知道了鴻鵠中隊全軍覆沒的消息，這就意味着，對方主動宣戰了。

指揮部直接設在貴陽，沒有必要更接近前線戰場了。

指揮部下達的第一個作戰命令是：4 架護航 J20 立即投入戰鬥，擊毀敵機，注意不要接近敵機，只用遠程武器。

但是很快收到了 J20 的回覆，無法使用遠程武器，敵人幾乎是完全隱身的，在所有雷達波段上都不反射。J20 的 PL13 導彈完全沒有用武之地。

指揮部立即命令 J20 返回基地換裝火箭彈巢,與其他戰機一同起飛迎敵。

一架接一架的 J20、J10 戰機從好幾個機場呼嘯着起飛,直奔天眼而去。無法用雷達鎖定敵機的情況下,唯一能採用的攻擊手段只剩下了近距離格鬥,主站武器是火箭彈和機炮。

配備了被動雷達系統的地對空導彈部隊也已經啟程,火速趕往戰場。

20 分鐘後,首批抵達的 50 架戰鬥機已經投入了戰鬥。

在距離天眼 10 到 20 公里的上空,幾十架銀灰色的戰鬥機和純黑色的「可樂罐」糾纏在一起,發出巨大的轟鳴聲。

戰鬥機的機炮和火箭彈在天上構成了密集的火力交叉網,尤其是火箭彈奪目耀眼的光芒幾乎佈滿一小塊天空。

但是在這些火網中,仍然可以清晰地看到 16 點藍色的光芒,它的穿透力和亮度無可匹敵,這 16 個藍色的光點像 16 根死神的繡花針,刺破藍天中交織的火網。

人類戰鬥機的火箭彈和機炮對「可樂罐」構不成任何威脅,它們迎着火力直衝向戰鬥機,把自己當作武器,直接撞毀戰機,而毫髮無傷。

在不到 5 分鐘的時間內，人類的 50 架戰機全部被撞毀，僅有一半的飛行員彈出逃生。

面對這種戰況，指揮部不得不叫停了後續起飛的戰機，命令暫不進攻。「獵犬」小組的專家分析，組成新蛋 1 號和「可樂罐」的材料很可能是人類尚不知曉的一種「強核力」材料。

人類所能製造的所有材料都是靠分子間的電磁力結合在一起的，除了電磁力，人類已知的力還有萬有引力、弱核力和強核力，比電磁力更強的力就是強核力，它比電磁力還要強上 100 倍，也就是說構成新蛋 1 號的材料比鑽石的硬度還要硬 100 倍。這差不多就是豆腐和菜刀的硬度差別。

如果專家們的分析是對的，那麼「可樂罐」撞毀戰鬥機就好像用菜刀切豆腐一樣簡單。

汪若山和方涵在聽到天空中傳來巨大的轟鳴聲時就跑到了室外，目睹了人類的戰機瞬間全軍覆沒的過程。

汪若山此時心裡非常清楚，目前最最十萬火急的事情就是摧毀天眼，阻止新蛋 1 號傳遞信息給母星。

他必須想辦法盡快把這個信息傳遞出去。

就在汪若山了解了新蛋 1 號的意圖的同時，聯合國「獵犬」小組也有專家提出了盡快摧毀天眼的意見。但這件事情太過重大，萬一決策失誤，責任太大。這個意見已經形成正式的報告上報給了中央政治局，在等待批覆。

汪若山和方涵此時能想到的唯一傳遞信息的辦法仍然是方涵使用過的辦法，用身體組成文字。

兩個人火速聯絡正在四處躲避的人群，說明情況。

很快便召來了 10 多個人，他們這次要組成的文字是：DESTROY TY ASAP（盡快摧毀天眼）。

在他們確信文字信息已經傳遞出去後，汪若山立即要求大家盡快疏散，離天眼的天線越遠越好，找地方隱蔽，躲避很快就會隨之而來的大規模空襲。

汪若山傳遞出的信息在 3 分鐘後就放到了指揮部的會議桌上，這是個極其重要的情報，它印證了「獵犬」專家們的分析。

第二份有全體特派小組領導和「獵犬」成員電子簽名的報告被火速發往了中央政治局，很快就得到了總書記的親自批覆：不惜一切代價摧毀天眼。

轟炸

中央的命令已經下達，然而指揮部卻面臨着重大的難題：用甚麼方法才能把天眼炸毀？

如果用轟炸機去執行任務，顯然是去送死，在 16 個「可樂罐」的保護下，再多的轟炸機都很難接近目標上空。

以天眼為中心的 10 公里半徑內的全頻段阻塞還在繼續，這就意味着所有以雷達制導的導彈都無法將目標設定為天眼。

最理想的是地面火炮，目前最有用的是有效射程 200 公里的 WS-3 火箭炮系統，每分鐘打出幾萬發不成問題，但要把最近的火炮部隊調集到有效射程內至少還需要 30 分鐘的時間，再加上攻擊前定位、裝彈、試射等各項準備工作，再算上火箭彈的飛行時間，2 小時之內很難發起有效進攻。這個時間太長了。

唯一可行的似乎只有地面彈道導彈部隊，可以直接用經緯度作為打擊目標，但是「可樂罐」既然能攻擊戰鬥機，也一樣能攔截導彈，因此同時發射的導彈數量如果不夠多，那麼必定被盡數攔截。

要想成功命中天眼，必須讓數百枚導彈幾乎同時到達目標，只要有一枚導彈突破了「可樂罐」的保護圈，那麼就足以摧毀天眼。

但是對這個方案指揮部非常猶豫，原因不在於中國是不是有這個發射能力。

現在全世界的間諜衛星都對準了中國，導彈一發射，那麼中國的導彈發射基地必然悉數暴露，這會對中國未來的國防安全構成巨大的潛在威脅。

根據已經獲得的戰場信息，「獵犬」小組的專家此時也計算出要想確保天眼被摧毀，必須在 1 分鐘之內打出 126 枚以上的導彈。

時間已經刻不容緩了，新蛋 1 號每一秒鐘都有可能突破天眼的防火牆。

指揮部的所有成員在經過 5 分鐘的短暫沉默後，終於下定了決心，此時，國家利益必須讓位於全人類的利益。

導彈攻擊的座標信息被迅速地分發給了以天眼為中心，方圓 1000 公里內的所有 50 幾個導彈基地。戰場指揮系統在高速地運轉，為了確保不同地方發射的導彈能在同一時間抵達目標，必須做出精密地計算和安排。

導彈基地的全體官兵立刻進入戰爭狀態，導彈發射的動作流程他們演練了不知道幾千遍，一接到命令便條件反射般地投入到了高速運動中，幾十名操作官兵就像一架配合的天衣無縫的精密機器。

僅僅 7 分鐘後，離天眼最遠的一個導彈基地的 2 枚彈道導彈在巨大的**轟**鳴聲中同時衝上雲霄，它將在 28 分鐘後抵達目標。

在此後的 15 分鐘內，140 多枚彈道導彈在不同的導彈基地發射升空，它們都將在同一時間抵達目標，這已經達到了中國導彈部隊的極限能力。

指揮部在下達了導彈攻擊命令的同時也命令所有能在 30 分鐘內到達天眼上空的戰鬥機升空，有對地攻擊能力的戰機不惜一切代價摧毀天眼，沒有對地作戰能力的戰機盡可能去吸引「可樂罐」的注意力。

一架架戰鬥機從周圍的四個軍用機場升空，以 J7 為主力。現在這種時候，重要的已經不是戰機的性能，而是數量。在強大的外星文明面前，J7 和 J15 沒有任何區別，在菜刀下面不管老豆腐還是嫩豆腐，都只是豆腐。

方涵和汪若山心裡很清楚他們所在的區域將面臨怎樣的高強度**轟**炸，他們必須趕在大**轟**炸到來之前通知到所有人，盡可能地遠離天眼，並找到合適的掩體躲避。

四周都是崇山峻嶺，想要找到一個掩體倒並不是太難。

四條「黑蛇」中的一條去了主控室，另外三條「黑蛇」仍然把守在出山

的唯一道路上，在「黑蛇」把守的不遠處，斯蒂文仍然躺在地上人事不知。還有一些人三三兩兩聚集在四周觀望。

汪若山和方涵把信息帶給了所有能找到的人，斯蒂文也被人們抬到了山中隱蔽。

總攻

時間在一分一秒的過去，天眼主控室的電腦顯示屏上變幻着各種數據，6 道密鑰已經被破解了 5 道，新蛋 1 號離成功僅僅差一步之遙。

在指揮部的大屏幕上，一個醒目的倒計時在跳動，這是距離導彈打擊的剩餘時間，此時已經只剩下最後一分鐘了。

修長的彈道導彈拖着長長的尾跡，從天眼的四面八方呼嘯着飛來。總共 146 枚導彈此時已經幾乎組成了一個個的同心圓分佈，它們將在 30 秒的誤差之內同時抵達目標。

就在此時，16 個「可樂罐」突然發出了巨大的轟鳴聲，那聲音大的幾乎可以把人的耳膜震破，所有人都捂住了耳朵。每個「可樂罐」的引擎發出的藍色光芒亮度陡然間增加了數倍，分成 16 個方向以不可思議的高速衝了出去。

341

巨大而密集的爆炸聲就如同滾地雷一般地響了起來。天眼上空的圖像通過衛星傳到了指揮部的大屏幕上。只見天眼上空出現了一個巨大的火圈，火圈的中間穿插着藍色的光芒。不過這個火圈正在一點點地縮小，火圈的圓心正是天眼那巨大的拋物面天線。

「獵犬」小組的專家非常緊張，他們顯然沒有預計到「可樂罐」的機動性能比之前突然增加了好幾倍，原以為足夠的導彈數量現在看起來非常懸。

就在此時，大批的 J7 戰鬥機也抵達了火圈的外圍，距離天眼的天線只有不到 40 公里了，哪怕只要有一架戰鬥機突入到天眼的上空，也足以摧毀天眼的天線和主控室。

指揮部中所有人都緊張地望着大屏幕的實時衛星影像，此時，他們除了祈禱之外，也幫不上更多的忙了，只能靠戰鬥機飛行員的勇敢和犧牲精神了。

滾地雷般地爆炸聲沒有消弱反而更強了，這時候的火圈已經縮小到了 20 公里半徑，整個天空都被巨大的火光和爆炸染成了紅黑色。

敵人此時顯然已經拚盡了全力，但是仍然阻止不了火圈的繼續縮小。

突然，一直位於天眼天線正中心的「液滴」發出了強烈地光芒，在引擎

聲的嘯叫中升空了，它一升空就分裂成四個「可樂罐」，以迅捷的速度投入到了戰場中。

敵人的數量一下子增加了 4 個單位，火圈縮小的勢頭被遏制住了。

前線指揮員劉文龍此時突然意識到全頻道阻塞消失了，他知道敵人正在拚盡全力，為了阻止導彈和戰機，不得不動用最後一顆「液滴」而放棄了全頻段阻塞。

一瞬間，所有的依賴雷達工作的設備和儀器都恢復了生機。

前線指揮員劉文龍立即將這個情況報告給了指揮部和獵犬小組。指揮部指示立即找到汪若山博士，確認天眼目前的狀態。

劉文龍立即撥打了汪若山的手機。

劉文龍喊道：「喂，汪博士，你現在情況怎樣？」

汪若山回答：「我們正在山中隱蔽。」

劉文龍說：「指揮部急需知道天眼目前的狀態。」

汪若山說：「明白了，現在全頻道阻塞已經解除，我只要跑到有 WIFI

信號的地方，就可以用手機登錄天眼的工作網絡，查看天眼的實時狀態。」

劉文龍說：「博士，一秒鐘都不要耽擱。」

劉文龍心裡非常清楚目前的狀況，汪若山走到空曠的地方就隨時有生命危險，但是在這種時候，個人的犧牲是必須付出的代價，就在劉文龍的頭頂上空，每分鐘都有戰鬥機飛行員在犧牲。

146 枚導彈被新蛋 1 號頑強地抵擋住了，全部被「可樂罐」摧毀，此時只剩下源源不斷地戰機如同飛蛾撲火一般地衝上去。

「獵犬」小組的專家此時也注意到了「可樂罐」的動力在下降，它們似乎遭遇到了能源不足的問題。20 個可樂罐已經把自己的防禦圈縮小到了約 5 千米半徑，對於在這個防禦圈之外的戰機，一概不予理睬。

此時雷達制導的導彈系統已經可以工作，指揮部命令戰鬥機把所有的機載導彈全部打向天眼，現在必須保持高密度的火力牽制。絕不能讓新蛋 1 號重新實施全頻段阻塞。

一時間，從幾十架戰鬥機同時打出了上百發對地導彈。

20 個可樂罐高速繞圈飛行，發出巨大藍色亮光的引擎尾跡組成了一個

藍色的保護罩，導彈打在這個罩子上迸發出一朵朵的火花。

汪若山已經來到了公路上，手機連上了 WIFI，登錄了天眼的工作網絡，他很快就調出了天眼的實時狀態窗口。

「不好，最後一道密鑰已經被新蛋 1 號突破，天眼已經全部準備就緒，隨時都可以開始發射信息了。」

對天眼發起總攻

汪若山火速將這個情況通知了劉文龍，劉文龍立即上報給了指揮部。

現在已經到了最後關頭了，如果讓新蛋1號把信息傳遞給母星，後果不堪設想，絕不能有任何猶豫，必須不惜一切代價摧毀天眼。

指揮部1號首長拿過了步話機，對着所有戰機飛行員下達命令：「同志們！你們代表的是全人類，你們現在維護的是全人類的生命安全。不惜一切代價摧毀天眼，把所有能發射的導彈全部打出去，用你們的戰機做最後一枚導彈！有彈射逃生的機會不要錯過，珍惜自己的生命！行動吧！」

「收到！」

「明白！」

「讓孩子們記住我的名字！」

「我知道該怎麼做！」

……

無數的聲音從步話機中傳回來，1號首長表情堅定，牙關緊咬。

所有的戰機都把引擎開到了最大功率，調整方向，朝着天眼直衝過去。

於此同時，令人震驚的一幕發生了。

20 個可樂罐突然拖着藍色光芒的尾跡垂直地朝天上飛了上去，在上升飛行的過程中合為一個整體。

新蛋 1 號的這個行動來的十分突然，有機架戰機已經來不及拉升，隨着幾枚導彈一頭衝向了天眼的天線，好在飛行員在關鍵時刻彈射了出來。

巨大的爆炸聲響起，天眼被火球籠罩。

其餘的戰機都及時拉起了機頭，四散飛去。

新蛋 1 號已經升高到了近地軌道的高度，核聚變引擎的藍色光芒已經變成了天空中的一個小小的亮點，它仍然在朝着太空飛去。

尾聲

汪若山拿着手機站在公路上怔怔地一句話也说不出來，眼睛緊盯着天眼的方向，那裡已經被完全摧毀。

方涵和其他一些人正朝着汪若山跑過來，方涵大聲喊道：「老闆，我們成功了嗎？」

汪若山苦笑了一下，說：「就差一點點，我們功虧一簣，天眼在被摧毀前已經工作了 10 秒，這 10 秒足夠發射地球的坐標信息給 EPE-3500 了。」

方涵和眾人沉默。

汪若山繼續說：「但不管怎樣，人類還有 400 多年的時間備戰，星球大戰真的開始了。」

此役，中國空軍損失戰機 106 架，犧牲 67 名戰鬥機飛行員和 8 名直升機飛行員。

留在地面上的四條「黑蛇」全部自毀，據目擊者看到在天眼被擊中的同時，守在公路上的「黑蛇」也突然發出強烈的光芒，瞬間汽化，想必是每條「黑蛇」的內部均有微型核聚變反應堆，可以產生上億度的高溫，汽化一切物質。

新蛋 1 號的去向是一個迷，人類在新蛋 1 號距離地球 10 萬公里左右的時候就跟丟了，它關閉了核聚變引擎。

人們普遍猜測新蛋 1 號隱藏到了地日系統的第三拉格朗日點，對於地球來說，它始終是處在太陽的背面，以人類目前的技術，無法偵測到它的蹤跡。

至於新蛋 1 號為甚麼要突然離開地球，獵犬小組給聯合國的報告是這樣認為的：

從天眼之戰的戰場信息分析來看，新蛋 1 號的核聚變燃料已經出現了明顯的短缺跡象。它選擇飛離地球的原因是因為完成了使命，沒有必要再繼續留在地球上。更重要的是，它絕不能被地球人所捕獲，即使不能逃離地球，也一定會自毀。因為新蛋 1 號的所包含的技術信息很可能會成為地球文明發生技術飛躍的導火索。「藍星」戰艦要飛抵地球至少還需要 400 多年的時間，在這個時間內，地球文明的技術是否會產生爆炸式的發展，從而一舉超過「藍星」文明，這一點它們是沒有把握的。

汪若山和方涵均被徵召進入新成立的聯合國行星防禦理事會，該機構成為了未來地球聯合軍指揮部的前身。

（完）

作者說明：

1. 小說創作的時候，FAST 何時能完成還不知道，因此假想了 2019 年
完工，實際上 FAST 的落成時間是 2016 年。

2. 當時創作時並不知道 FAST 其實不具備發射功能，只安裝了接收設
備，不過從理論上來說，只要簡單的換幾個零部件就能實現發射功能。

3. 小說原名《悟空之戰》，該科幻廣播劇已在各大網絡電台「科學有故
事」欄目播出，請用「悟空之戰」搜索。

附：《亞洲教育論壇年會》發言稿

甚麼是科學精神？

各位尊敬的前輩以及同行：

大家好！我非常榮幸能夠代表科學聲音組織在 2017 亞洲教育論壇年會的科技文化與科普教育論壇上發言。

科學聲音是一群有着共同志向的職業科普人組成的民間組織。我們認為，科普教育的首要目的是傳播科學精神，而講解科學知識是達到這個目的手段之一。雖然，只有人類中的少數精英能夠成為科學家，但是，人人都可以像科學家一樣思考。因為，科學不僅僅是一個職業，更重要的是，科學是一種思考方式。科學家就是用這種方式來揭示自然世界

的奧秘，理解這個我們生活的星球。

科學精神包含不可分割的兩個部分，其一是對「科學」這個詞本身的理解；其二是對科學思維的具體運用。

我們先來談甚麼是科學。

我們認為，「科學」是一個名詞，而不是一個可以和「好的」「正確的」劃上等號的形容詞。要理解甚麼是科學，需要從兩個方面入手。

第一，目的 —— 所有科學活動的最終目的是發現自然現象背後的規律。技術發明並不等於科學研究。以愛迪生為代表的工程師算不算科學家，會有爭議。但我們堅持認為應當把科學家與發明家、工程師區別開來。在幾乎所有寫科學史的書籍中，基本上都遵循着從以亞里士多德等古希臘自然哲學家到伽利略、牛頓，再到愛因斯坦這樣的脈絡下來，從來沒有哪一本有影響力的科學史書中寫到過愛迪生或者特斯拉。但是，在現實的科普教育中，科學和技術往往會混為一談。這很可能是社會中非主流的反智、反科學運動的原因，我們注意到，妖魔化科學的人往往都是將科學和技術混為一談的人。而那些最容易受到反科學運動洗腦的人也都是從來就沒有搞清楚甚麼是科學、甚麼是技術的人。所以，我們認為，讓廣大老百姓，尤其是青少年理解科學研究與技術發明活動的區別是極為有必要的。這關係到我國在前沿科學領域的巨額投資計劃能否得到廣大人民群眾的廣泛支持。也關係到青少年是

否願意投身於基礎科學領域的問題。可能大家都會和我一樣，每當一個重大科學發現誕生的時候，例如我國的科學家 2012 年發現了一種新的中微子震盪，2013 年發現量子反常霍爾效應，美國科學家去年證實了引力波的存在，身邊總是會有很多人問我：這些到底有啥用？我們認為，可能比回答他們這些科學發現有甚麼用更成功的科普是減少提問者的數量。

第二，方法 —— 公理演繹和系統實驗。這是愛因斯坦在 1953 年寫給友人的一封信中提出的觀點，他非常深刻地講出了科學活動遵循的基本方法。愛因斯坦在信中說：西方科學的發展是以兩個偉大的成就為基礎，那就是，以歐幾里得為代表的希臘哲學家發明的形式邏輯體系，以及在文藝復興時期通過系統的實驗發現有可能找出因果關係。我們縱觀自現代科學誕生以來，人類所有的科學發現都是遵從兩條路徑做出的。第一條路徑：從幾個假設性的公理出發，然後運用數學化的邏輯推演，最終找到隱藏在深處的自然規律。愛因斯坦的相對論是最好的範例，他通過相對性原理、光速不變原理和等效原理這三個公理，最終得出了廣義相對論的愛因斯坦場方程。第二條路徑：通過觀察現象，提出某種理論，再用更加精確的觀察或者系統實驗來檢驗，如果實驗結果與理論不符，就要求科學家修正該理論，直到與所有已知的現象相符合，每一次通過檢驗，該理論的可信度就會增加一分。牛頓提出的萬有引力公式就是一個範例。但是我們也必須指出，這兩條路徑並不是涇渭分明的，很多時候它們交織在一起。這兩條路徑在末端是合二為一的，那就是任何一個科學理論都必須得到實驗數據的支持，實驗是檢驗

理論的唯一標準。科學理論還必須具備預測的能力。在這個過程中，數學扮演了極為重要的角色。科學的方法不但要給研究的對象定性，更重要的是用數學定量。請注意，在剛才這個句式中，「科學」是一個名詞，就好像說「中國人的特點是」；而不是一個形容詞，表示「好的」或者「正確的」方法。可能大家也會有和我一樣的體會，當我說通過陰陽五行得出某某結論並不是一個科學的方法時，很多人會憤怒。那是因為，在他們的理解中，「科學的方法」表示「正確的、好的方法」。而我真實想表達的意思其實是，科學的方法是具有特定含義的研究方法，人類能夠熟練地掌握這一方法只有不到 400 年的時間。科普的目的可不是要打消中國人對傳統文化的興趣，而是讓憤怒於陰陽五行不是科學方法的人減少甚至消失。

理解科學的含義是具備科學精神的前提，但不夠，科學精神還包括對科學思維的運用。我們認為科普教育是否成功並不是用掌握了多少科學知識來衡量，而是看一個人在生活中，是否採用科學的思維考慮問題，科學的方法解決問題。也就是說，科普教育的最終目標是希望人們能像科學家一樣思考。

公元 14 世紀，住在英國薩里郡奧卡姆的修士威廉提出了著名的奧卡姆剃刀原理：如無必要、勿增實體。這個思想比現代科學的誕生還要早大約 400 年，但是科學卻從這一重要的哲學思想中汲取了養分，它也成為現代科學研究中經常被運用的重要原理之一。

公元 18 世紀，蘇格蘭哲學家大衛・休謨提出了休謨公理：沒有任何證言足以確定一個神跡，除非該證言屬於這樣的情形，其虛假比它力圖確立的事實更為神奇。與這一公理等價的通俗表達是：非同尋常的主張需要非同尋常的證據！休謨公理為我們確立了科學思維的一個總原則。

我們認為這一原理一公理是對科學思維的高度抽象概括，但是要深刻地理解它們卻並非一件易事。因此，在具體的科普教育中，我們必須把抽象的哲理分解為一個個更加容易理解的知識點、結合具體案例進行講解。

這些知識點包括：可證偽性（可驗證性）、可重複性、獨立性、唯一性、可定性、可定量、可預測、可糾錯。還包括：理解前後關係和相關性都不是因果性，要得出因果性必須通過嚴格控制下的系統實驗才能真正找到。例如，在醫學研究領域，大樣本隨機雙盲對照實驗和科赫法則是發現因果性的金標準；不能證明不存在不等於必定存在，從邏輯上來說，要證明靈魂和上帝不存在是不可能的，必須堅持誰主張誰舉證的原則；使用科學術語不代表就是科學理論，識別偽科學也是科普教育的目標之一。

以上這些知識點並不是科學思維的全部，需要我們在具體的教育實踐中不斷總結、提煉。我們認為，科學思維是全人類的共同的智力財富，沒有東西方之分，它的歷史相較於人類的歷史來說非常短暫，然而在它的指引下，人類取得的成就卻遠遠大於前科學時代的所有成就之和。

科學思維不是科學家的專利，它對於我們每一個普通人都有重要的價值。科學聲音的另外一位成員，得到專欄作家卓克把科學思維對於普通人的作用總結為四條：1. 擺脫本能和直覺；2. 識別真知和謊言；3. 打通階梯和路徑；4. 積累靈感和頓悟。

綜上所述，科學精神是對科學的目的、方法和思維模式的概括，它與一個人掌握的科學知識的多少並沒有正比關係，高級知識分子也可能並不具備足夠的科學精神。但我們認為，科學與哲學、文學、藝術、宗教、中華傳統文化一樣，都是人類文明的重要組成部分，它們不是非此即彼的關係。這個世界上，有成為科學家的神父，也有信仰上帝的科學家，思想的多樣性是人類文明生生不息的保障。

我們也注意到，在科學教育相對發達的西方國家，他們也在反思科學，尤其是對科學倫理的深入探討。那麼，現階段的中國科普是否應當包含反思科學的這部分內容呢？我認為不必。對科學的反思應當局限在科學家、科學哲學家以及與科研活動密切相關的專業人群中，不應當擴大化。

這是因為，今天的中國，科學精神依然只是曠野中的一個小火苗，一陣不大的風就能把它熄滅，我們都知道，這樣的事情不是沒有發生過。守護這堆小火苗，把科學精神傳承下去，並且在中國這片土地上傳播開來，對於中華民族的偉大復興具有不可估量的歷史意義，這也是我們每一個科普人的職責和價值所在。

人類文明走到今天，正如在座的科幻作家鄭軍老師在新作《萬古長夜重生之夜》中所説：世無科學，萬古長夜！

感謝大家聆聽我的一點淺見！

責任編輯	洪永起	
書籍設計	林　溪	
排　　版	肖　霞	
印　　務	馮政光	

書　　名	外星人防禦計劃：地外文明探尋史話
作　　者	汪　詰
出　　版	香港中和出版有限公司 Hong Kong Open Page Publishing Co., Ltd. 香港北角英皇道 499 號北角工業大廈 18 樓 http://www.hkopenpage.com http://www.facebook.com/hkopenpage http://weibo.com/hkopenpage
香港發行	香港聯合書刊物流有限公司 香港新界大埔汀麗路 36 號 3 字樓
印　　刷	美雅印刷製本有限公司 香港九龍官塘榮業街 6 號海濱工業大廈 4 字樓
版　　次	2019 年 7 月香港第 1 版第 1 次印刷
規　　格	32 開（148mm×210mm）368 面
國際書號	ISBN 978-988-8570-34-8 © 2019 Hong Kong Open Page Publishing Co., Ltd. Published in Hong Kong

本書由上海光錐文化傳媒有限公司授權本公司在中國內地以外地區出版發行。